斑点叉尾鮰 安全生产指南

马达文 汤亚斌 陈良浩 编著

U0364201

中国农业出版社

北 京

目 录

绪　论

一、分类与分布

斑点叉尾鮰，又称沟鲇、河鲇、美洲鲇等，属于鲇形目，鮰科，叉尾鮰属。斑点叉尾鮰原产于美洲，是一种大型经济鱼类。在美洲，鮰科鱼类共有 39 种，可作为养殖对象或研究用的有六七个种，但这些种类的经济性状与渔业价值都不如斑点叉尾鮰。斑点叉尾鮰主要分布在北美洲的大部分国家，其他国家基本上没有天然分布的报道。在美国，斑点叉尾鮰主要分布在伊利湖安艾达湖、安大略湖等大湖区以及密西西比河等水体内。斑点叉尾鮰具有适温范围广、抗病力强、生长快、易饲养、易起捕以及肉质鲜美、出肉率高、无肌间刺、适合鱼片加工等特点，深受世界各地消费者、养殖者、加工企业的欢迎。斑点叉尾鮰在美国既可作为食用鱼类，又是重要的游钓对象，年产量在 50 万吨左右，占其淡水鱼产量的 80%。

二、市场价值

营养学家测定斑点叉尾鮰含肉率和肌肉的营养成分如下：含肉率为 75.71%；肌肉中粗蛋白质占 19.42%，脂肪占 1.01%，水分占 77.58%，灰分占 1.12%，碳水化合物占 0.87%；肌肉中含有 18 种氨基酸，占肌肉总量的 18.72%，其中人体必需氨基酸占总氨基酸的 42.26%。矿物质含量中铁、锌的含量较高，而对人体健康有害的物质如铅、砷等的含量很低。所以斑点叉尾鮰是一种营养价值非常全面的淡水养殖品种，具有广泛的食用市场。

三、国内引种驯化

1984 年湖北省水产科学研究所率先从美国引进斑点叉尾鮰 1 500 尾（平均体长为 1.83 厘米），并对其生物学、生态、繁殖、养殖技术进行了初步的研究。1987 年 6 月，人工繁殖获得成功，16% 的亲鱼自然产卵，共孵化出 50 万尾鱼苗，当年即被 15 个省（自治区、直辖市）的 59 个科研、生产单位引种试养。1997 年，全国水产技术推广总站从美国引进 60 万尾 3 个品系，1999 年总站再次引进 70 万尾，2004 年 6 月，中国渔业协会鮰鱼分会筹备组引进 44 万尾斑点叉尾鮰卵黄苗，分给江苏、江西、湖南等 7 个省（自治区、直辖市）的十几个单位进行养殖。2005 年 5 月，湖北省长阳县水产局从美国引进斑点叉尾鮰原种 100 万尾。

在斑点叉尾鮰养殖推广初期多以池塘饲养为主。经过多年的养殖，人们发现斑点叉尾鮰除适合池塘饲养外，更适合于网箱饲养：首先，由于性格温顺，鱼种进箱前不需任何驯化即能很快适应网箱环境；其次，在网箱中活动范围小、耗能少，生长速度与饲料转化率均较在池塘养殖的高；另外，由于美国经过多年的基础研究，对其营养需求了解比较全面，用标准配方生产的配合饲料完全可以满足其营养需要，在整个成鱼生产过程中不需再添加任何天然饵料，适合网箱规模化生产。国内常见的网箱规格以 4 米×4 米或 5 米×5 米为多，网箱的入水深度以 2.5 米为宜。由于斑点叉尾鮰没有跃出水面的能力，所以在保证网箱出水 0.5 米时，不需加盖网。

四、国内养殖现状

从 2000 年开始，我国的斑点叉尾鮰开始出口美国市场，由于价格比较好，养殖和加工利润都比较高，整个行业发展也非常快。目前，我国斑点叉尾鮰的养殖，已北到黑龙江，南到广东、广西等 20 几个省、自治区、直辖市，其中湖南、湖北、江西、安徽、江苏、四川和广东已有大面积的斑点叉尾鮰养殖，主产区在湖北、湖南、江西、安徽等中部省份，包括池塘养殖、网箱养殖和流水养鱼等养殖模式，全国年产量超过 15 万吨。在几种养殖模式中，池塘主养以鱼苗培育为主，池塘套养以成鱼为主；网箱养殖以成鱼养殖和鱼苗培育为主。出口加工用的斑点叉尾鮰主要来自网箱养殖。在湖北省的三峡库区和清江流域已有大规模斑点叉尾鮰网箱养殖。全国斑点叉尾鮰苗种大多来自湖北省，特别是湖北省嘉鱼县、仙桃市等地具有大规模的苗种生产能力，其中 2004 年湖北省年生产斑点叉尾鮰苗种约 7 亿尾，占全国苗种产量的 70％左右。

斑点叉尾鮰是我国近半个世纪以来，除罗非鱼外淡水经济鱼类引种最成功的对象之一。

五、出口加工情况

我国在 2000 年以后开始向美国出口斑点叉尾鮰，但出口量很少。2003 年以前，中国斑点叉尾鮰消费基本上是鲜活鱼消费，由于其肉质鲜美，在各地颇受欢迎。2003 年越南的鲇被美国定为倾销后，我国的鮰出口量迅速增加，当年出口 1000 吨左右。由于近几年海洋渔业资源下降导致鳕大幅度减产，欧美市场上热销的鳕鱼片减少，转而消费罗非鱼和斑点叉尾鮰，带来了更大的市场需求。中国斑点叉尾鮰行业因为出口的带动，出现空前繁荣，短期内全国鮰产量由年产几千吨猛增到 15 万吨，各地鮰养殖、加工和出口企业如雨后春笋。出口产品基本都是简单的粗加工产品，主要为冻鱼片和鱼肚，深加工的企业不多。

2005 年我国鮰鱼片出口 1.5 万吨，折算活鱼为 4 万吨，是国内六大出口养殖品种之一，占 6％左右。目前我国斑点叉尾鮰加工出口量约为 7 万吨，出口创汇 4 亿美元以上，是仅次于罗非鱼的水产品出口品种。

我国的斑点叉尾鮰养殖、生产加工成本较低，出口潜力大，鱼片出口面临着极好的国际市场机遇（在美国本土生产 1 千克鱼片的加工总成本为 22 元人民币，而我国生产 1 千克的加工成本约为 12 元人民币），因此我国斑点叉尾鮰养殖业的发展面临绝佳的发展机会，斑点叉尾鮰产业在我国有着良好的发展前景。

六、国外养殖、加工情况

美国的斑点叉尾鮰养殖最发达，养殖水平最高。美国于 20 世纪 60 年代初期开始商业性养殖，70 年代后进行大规模养殖。三十多年来，养殖面积不断扩大，产量和产值不断上升，整个产业发展惊人。自 1986 年以来，美国人均斑点叉尾鮰消费量翻了一番，继金枪鱼、三文鱼、鳕之后排名第四位，并且市场份额还在递增。随着供给与需求的迅速变化，斑点叉尾鮰加工产业也取得了巨大的发展。1980 年美国供加工的斑点叉尾鮰原料鱼大约为 2.1 万吨，到 2000 年达到了 26.9 万吨，在 20 年里增长了 13 倍。2000 年，各种市场消费的斑点叉尾鮰加工产品总计超过 13.5 万吨，年人均消费超过 0.49 千克。加工厂获得的总收入 7.08 亿美元。

美国的斑点叉尾鮰养殖以池塘养殖为主。池塘大小一般 1～3 公顷，每公顷产量在 1 500～2 500 千克。为了避免捕捞时人工分类，控制劳动力成本，养殖模式一般为单养，在养殖过程中全程使用全价膨化颗粒饲料。一般的养殖场均设有储料塔，由饲料加工企业的罐式运输车运来，将饲料事先存储于塔中。渔场的投饵车按每次的投喂量从塔中取料，再由投饵车沿设计好的路线按规定量运塘投喂。投饵车内安装有控制投饵量的专用计算机，由事先调整好的计算机程序掌握每口池塘的投喂数量。因此放养密度较低，精确计算投饵量，适时开启增氧机，在整个养殖过程中水质始终保持良好，基本无鱼病发生。一般情况下，养殖池塘中的水每7～8年排干一次是一种普遍的现象。

饲料生产从配料、原料输送、混合、粉碎、制粒、烘干、油脂和维生素喷涂，到包装、储藏、运输，全部实现了自动化。企业每天的生产量是根据用户的需求量预约信息确定的，因此，最大限度地减少了库存和生产的盲目性。加工好的成品饲料大部分直接装入罐车送到各个养殖场的料塔中，少量的或散装，或按照特殊要求袋装后，储存于成品库中。

斑点叉尾鮰是一个非常优良的淡水鱼加工品种，其工业加工出肉率一般为56%，仅鱼片部分的出肉率就能达到40%以上。美国最新的技术设备能够通过挤压的方式取出剩余的大部分碎肉，可进一步提高出肉率。该鱼的加工产品主要是鱼片、鱼排、鱼块和鱼条等品种，加工厂通常是根据消费者的口味和订货商的要求进行加工。由于美国具有发达的运输网络，斑点叉尾鮰从投料工序开始计算，其加工产品最快可在24小时以内摆上全国各大超市的货架。根据美国人的吃鱼习惯，要求加工后的成品鱼片中不能留有一点骨、刺。加工所剩的头部、表皮、内脏、骨刺等下脚料则被送到另外的车间粉碎、烘干，制成鱼骨粉作为畜禽饲料的原料。在加工时，除了个别的鱼因个体较小，未能去掉头部、表皮和内脏，需要人工处理外，整个加工过程全部实现了自动化。美国通过产品加工增效十分显著，以1997年为例，当年斑点叉尾鮰如按鲜活产量计产值仅为3.5亿美元左右，而当年该行业产值却高达40亿美元，增值是因为产品加工提高了效益。

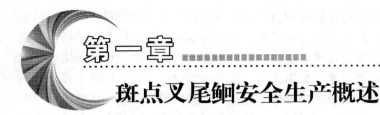

第一章
斑点叉尾鮰安全生产概述

第一节　斑点叉尾鮰安全生产的
　　　　质量要求

　　斑点叉尾鮰作为一种营养丰富、肉味鲜美的水产品,目前的中国市场对它的认知度还非常低,国内消费量还不是很大,内销市场主要在湖南、湖北、贵州、四川及长江一带地区。虽然中国餐饮市场已经接受了斑点叉尾鮰,但不占主要地位,只能算是边缘性商品。斑点叉尾鮰在很多层面上,很难进入居民家庭消费市场。但是我国人口众多,如果能够扩大消费范围,这个市场将是十分庞大的。而要开拓潜力巨大的国内市场,如何确保斑点叉尾鮰的质量是非常重要的,因为它直接关系到消费者的身心健康。提高水产品的安全性,防止水产品中出现威胁人类健康的有毒、有害因素是必需的,符合现代食品发展的趋势。这就要求养殖者必须严格按照《无公害食品　斑点叉尾鮰养殖技术规范》的相关规定进行操作,生产出的斑点叉尾鮰在感官要求和安全指标方面达到《无公害食品　斑点叉尾鮰》的相关规定。

　　从目前来说,我国生产的斑点叉尾鮰其主要消费市场还是在国外。欧盟、日本和俄罗斯等国家和地区虽然也进口斑点叉尾鮰,但消费量相当有限,我国的斑点叉尾鮰主要的出口市场在美国。根据 2006 年统计数据,我国输美斑点叉尾鮰占美国进口市场份额的 98%,这说明我国的斑点叉尾鮰产业对美国消费市场有很强的依赖性。

2007 年 4 月 25 日美国亚拉巴马州从中国斑点叉尾鮰产品中检验出福奎诺酮药物残留，进而在亚拉巴马州停售所有从中国进口的斑点叉尾鮰鱼片。紧接着，美国路易斯安那州、密西西比州等美国南部 4 个州先后停止销售中国斑点叉尾鮰鱼片，同时对从中国进口的所有水产品进行自动扣柜严格检查药物残留。美国南部 4 州全面停止销售所有从中国进口水产品。

虽然在 2008 年，我国水产品出口额突破了 100 亿美元大关，但出口量却下降 3.2%，为 296.5 万吨。近年我国水产品出口因质量问题受阻案件频繁发生，严重影响我国水产品出口贸易的正常发展。根据国家质检总局公布的有关信息，2008 年我国水产品出口至日本、美国和欧盟三大市场的受阻案件达 300 多件，其中，药物残留、货物腐烂和不良菌群呈阳性是受阻的三大原因，分别占水产品出口受阻案件的 59%、21% 和 16%。多年来，美国、欧盟、日本一直是我国水产品出口主要市场，2008 年对这三大市场的出口受阻状况，基本可以反映出目前我国水产品质量安全隐患现状——药物残留是影响我国水产品正常出口的第一大因素，也是影响我国鱼类、虾类、蟹类质量安全的最大隐患。

我国斑点叉尾鮰等水产品近几年经常因药物残留超标导致出口受阻，主要原因有三个：

一是有少数养殖户存在滥用药物情况。例如孔雀石绿、呋喃类是国内外禁用的药物，但极少数养殖户在防治鱼类水霉病、鳃霉病、小瓜虫病等细菌、真菌及寄生虫疾病或运输过程中消毒时，仍然偷偷使用这类药物；三聚氰胺是许多国家禁止添加于食品的一种毒性化工原料，但是在我国，过去由于采用估测食品和饲料工业蛋白质含量方法的缺陷，常被不法商人掺杂进食品或饲料中，以提升食品或饲料检测中的蛋白质含量指标。

二是对国外水产品药物残留标准不了解。联合国粮农组织/世界卫生组织食品法典委员会（简称 CAC）规定了 4 种药物品种在水产品中的最大残留限量，我国对其中 3 种制定了限量标准，其中溴氰菊酯和磺胺类等农药的限量值与 CAC 标准一致，土霉素限量值低于 CAC 标准，但丙硫苯咪唑我国尚未制定水产品中的限量标准。欧盟规定了 31 种药物品种在水产品中的最大残留限量，药物品种明显多于 CAC 标准。由于我国在制定水产品药物最大残留限量标准时，大多参考欧盟标准制定，因此与欧盟标准相比较，大部分药物品种的限量标准一致。但考虑到国内实际情况和使用药物品种的差异，个别品种仍存在一些差异，如溴氰菊酯的标准值低于欧盟标准，土霉素的限量值高于欧盟标准，另有 11 种药物品种我国尚未制定水产品中的限量标准。美国规定了 22 种药物品种在水产品中的最大残留限量。与我国水产品药物最大残留限量标准相比，氟苯尼考和阿莫西林的限量值明显低于我国标准，红霉素、土霉素、磺胺类等药物品种的限量值与我国标准一致，另有 10 余种药物品种我国尚未制定水产品中的限量标准。美国是我国水产品出口贸易大国，与美国标准比对分析，我国在氟苯尼考的残留限量制定标准上较美国低了 10 倍，由此引发了 2007 年输美水产品受阻事件。除氟苯尼考外，其余 10 种美国已经制定残留限量标准而我国尚未制定的药物品种尤其值得我国关注。日本规定了百余种药物品种在水产品中的最大残留限量，是目前世界上规定水产品药物最大残留限量品种最多的国家，药物品种涉及激素类、抗生素、微生物等多项内容，药物多细化到具体养殖品种，且随着时间的推移，更新频率会较高。与我国相比，日本制定限量的药物品种远远高于我国已经制定的品种。其中氯丹、氯氰菊酯、氟苯尼考的限量值明显低于我国标准，另有 80 余种药物品种我国尚未制定水产品中的限量标准。日本是我国水产品出口第一大国，自 2006 年日本"肯定列表"实施以来，我国对日出口一直呈下降趋势。与日本标准比对分析，我国不仅在药物品种上远低于日本，在每种药物的使用品种和部位上也不如日本规定的详细和具体，暴露出我国基础研究的不足。

　　三是水产病害的诊断和防治水平不高。全面提高我国水产品质量，关键在于如何杜绝药物残留超标事件发生，而要杜绝药物残留超标事件发生，必须规范用药，而规范用药的前提又是必须正确诊断疾病。目前，对于病毒性和真菌性疾病，不仅国标渔药中尚没有防治的有效药物，在国际上也是难题，如果不能正确诊断这些疾病而盲目用药的话，既达不到治疗效果，又浪费药物，同时又耽误治疗时机，造成生产损失，还会面临药物残留的风险。

总之，以安全生产的方式养殖出的斑点叉尾鮰产品，在质量方面既要达到国内在感官要求和安全指标方面的相关规定，最重要的是必须满足出口市场药物残留的相关标准。

第二节　斑点叉尾鮰安全生产的技术要求

药物残留是近几年我国水产品出口最敏感的问题，斑点叉尾鮰作为加工出口的养殖产品，在病害控制，防止药残方面尤为重要。现将斑点叉尾鮰病害控制措施介绍如下，供养殖生产者参考。

一、把好场地选择和执行标准关

养殖场地的供水系统是斑点叉尾鮰疾病病原传入和扩散的第一途径。因此，必须从源头抓起，要求水源水质、大气环境、池塘底泥必须符合 GB/T 18407.4、NY 5051、GB 3095、GB 15618 等标准。同时要求排水系统独立分开，防止病害的重复感染，以规避可能的养殖污染风险。

二、把好池塘清塘消毒关

淤泥中藏有大量的致病微生物和氨、氮等有害物质，对日后疾病发生留下了隐患。因此，在苗种放养前，必须将淤泥取出池外，然后经冰冻、日晒一段时间，再用一定浓度的生石灰、茶籽饼等药物进行清塘消毒，以杀灭敌害和致病微生物。消毒后的池塘在进水口设置过滤网，防止混入敌害生物。

三、把好苗种选购放养关

苗种要在有生产经营许可证的良种场购买，供苗方应有种苗合格证书。外购苗种必须有当地检疫部门出具的检验合格证，防止外来病源进入养殖区。放养密度要合理，密度过大容易因相互拥挤擦伤鱼体，从而引发细菌性疾病。鱼体转运时温差不能超过3℃，以免鱼体产生应激反应，降低抗病力。生产操作要轻巧细致，避免鱼体机械损伤。鱼种用3‰食盐溶液浸浴5分钟后再下池。

四、把好饲料选择投喂关

选用全价人工配合饲料，饲料质量必须符合 NY 5072—2002 标准，必须从经检验检疫部门登记备案的饲料生产企业选购。饲料中使用添加剂种类和用量要符合国家法规和标准；饲料中不得添加国家禁止的如己烯雌酚、喹乙醇等药物。饲料投喂必须做到投匀、投足、投好，不得投喂腐败变质的饲料。投饵量根据季节、水温、鱼的活动吃食情况灵活掌握，一般水温 8～15℃时，每天投喂 1 次，日投饲率 1.0％～1.5％；15～20℃时，每天投喂 2 次，日投饲率 2.0％～2.5％；20～25℃时，日投饲率 3.0％～3.5％；25～35℃时，日投饲率 4.0％～4.5％；水温超过32℃时，少投或不投饲料。

五、把好水质调节检测关

养殖期间，必须经常监测水体的 pH、溶解氧、温度、盐度、透明度、总氨氮、亚硝基氮、硫化氢、碱度及有毒藻类的种类和数量、厌氧菌的种类和数量等主要水质参数。调节水质的主要方法有：①定期加水、换水、开启增氧机，保持适当的水位、水温和充足的溶解氧；②每季度要测一次水质环境指标，发现问题及时采取对策；③在养殖中后期，根据底质、水质情况，每月使用1～2次生石灰、沸石、光合细菌等水环境保护剂。

六、把好预防和选用渔药关

坚持"防重于治，防治结合"的原则。采取消灭病原体、切断传播途径、推广健康养殖技术、改善养殖水体生态环境等措施控制疾病发生。发现病症应及时携带病鱼送病防机构检验，确诊病因，使用病防机构出具的处方，切不可盲目用药。使用药物须符合 NY5071—2002 标准，杜绝孔雀石绿、五氯酚钠、呋喃唑酮、呋喃西林、硝酸亚汞、诺氟沙星和氯霉素等药物进入斑点叉尾鮰养殖场地。

七、把好日常饲养管理关

①定时巡视养殖水体，观察斑点叉尾鮰吃食、活动情况。发现问题及时采取措施加以改善。②搞好养殖环境的清洁卫生工作，定期或经常清除剩渣残饵、粪便及动物尸体等，勤清除杂草，驱赶敌害生物，以免病原生物繁殖、传播和侵袭。③定期检查斑点叉尾鮰的生长情况，可据此判断阶段性的养殖效果好坏和调整下一阶段饲养管理手段，如发现病害及时采取防治措施。④日常操作必须细心、谨慎，尽量不要拉网，防止人为惊扰，以提高斑点叉尾鮰的机体抗病力。

第三节　斑点叉尾鮰安全生产的
过程监控

　　长期以来，我国的淡水渔业无论在国内或世界的水产业中，具有重要的地位。但近年来在发展中遇到一些新的问题，世界上一些发达国家与地区相继对我国斑点叉尾鮰、鳗鲡等水产品严查或禁运，使我国水产出口企业损失惨重，原因主要是渔药残留和有毒有害物质超标。进一步把"农场到餐桌"的食品安全概念纳入水产养殖管理成为全球水产养殖业界的共识。而 HACCP（Hazard Analysis Critical Control Point）体系的原则贯彻于从养殖场到餐桌的食品安全过程中，使养殖水产品真正实现安全生产的过程监控，将大大增强消费者对养殖水产品的食用信心。该体系的根本特点是使食品生产企业把以最终产品检验为主要基础的质量控制观念转变为从原料开始到最终产品并到消费的全程控制。

　　目前，我国还没有制定为养殖场实施认证用的各类水产养殖品种 HACCP 操作规程、危害分析指南及认证程序，同时，随着斑点叉尾鮰养殖生产的发展，其养殖卫生质量问题已成为制约水产养殖持续健康发展和出口的主要因素，因此在斑点叉尾鮰养殖过程中采用 HACCP 体系监控整个生产过程以确保产品质量安全是产业发展的必然趋势。

一、HACCP 基本原理

　　HACCP 体系包括 HA（hazard analysis）和 CCP（critical-control point），是一个确认、分析、控制生产过程中可能发生的生物、化学、物理危害的系统方法，是一种新的质量保证系统。HACCP 体系不同于传统的质量检查（即产品检查），是一种养殖过程各环节的控制。

　　HACCP 原理在池塘养鱼中的应用是对养殖全过程的危害分析和控制，使池塘养殖鱼在整个养殖管理过程中免受可能发生的生物性、化学性、物理性的危害，将可能发生的食品安全危害消除在养殖过程中，而不是靠事后检验来验证养殖鱼的可靠性，从而提供安全卫生质量有保证的养殖鱼。HACCP 原理经过实际应用和修改，已被联合国食品法规委员会确认，主要包括：

（一）危害分析

　　确定与食品生产各阶段有关的潜在危害。

（二）确定关键控制点（CCP）

　　CCP 是可以被控制的点、步骤或方法，经过控制可以使食品潜在的危害得以防止、排除或降至可以接受的水平。

（三）确定关键限值

　　对每个 CCP 点需确定一个标准值，以保证每个 CCP 限制在安全值以内。

（四）确定监控 CCP 措施

　　监控是有计划有顺序的观察或测定来判断 CCP 是在控制中，并有准确的记录，可用于未来的评价。

（五）确立纠偏措施

　　当监控显示出现偏离关键限值时，要采取纠偏措施。

（六）确立有效的记录保持程序

　　要求把与 HACCP 有关的信息、数据记录文件完整地保存下来。是一种新的质量保证系统。HACCP 体系不同于传统的质量检查（即终端产品检查），是一种生产过程各环节的控制。

（七）建立验证程序

确定验证 HACCP 体系的正常有效的运行程序。企业可经过具有管辖权的认证或监督机构批准，这些机构会不定期地对 HACCP 体系进行复查，企业也可以自查方式对自己的 HACCP 体系运行情况进行核实。

二、HACCP 体系在斑点叉尾鮰安全生产中的应用

由于斑点叉尾鮰养殖过程的安全卫生控制体系还不够完善，微生物、物理性异物等安全危害可能会随原料进入加工环节。尤为严重的是在养殖中使用药物而导致的产品药物残留成为安全卫生最大的潜在危害。斑点叉尾鮰养殖中的各种危害主要表现在以下几个方面：①渔药的滥用和超量使用，导致水产品药物残留超标；②养殖水域环境污染，如水华的发生、重金属污染、有机氯化合物的污染等；③水产养殖缺少生产操作规范、生产标准等，不能按规范的方式生产；④养殖用饲料、饲料原料存在污染，如因矿物质的添加而导致饲料产品铅、汞、镉等含量超标。

（一）HACCP 体系的建立

科学利用 HACCP 原理，在斑点叉尾鮰安全生产中建立起以预防为目的、过程控制为主线的质量监控体系，监控整个养殖过程，改变现有的对既成事实的原料产品做出被动反应性的管理方式，从而真正做到从养殖源头消除或降低食品安全隐患，控制斑点叉尾鮰的安全卫生。

（二）斑点叉尾鮰养殖流程

养殖场所的选择→水源和水质的选择→苗种选择→养殖生产

（饲料供应和渔药使用）→商品鱼分级上市。规范化养殖流程的制定是对整个生产过程进行危害分析及确定关键控制点的基础。

（三）危害分析及关键控制点CCP的确定

危害是指可能造成水产品不安全消费，引起消费者疾病和伤害的生物的、化学的、物理的特征性的污染。CCP是食品安全危害可以被防止、排除或减少到可接受水平的点、步骤和过程。根据斑点叉尾鮰养殖工艺流程的分析，利用CCP判断树，有5个关键控制点是很重要的，它们是：池塘或网箱（养殖场所）的环境（CCP1）、水源和水质（CCP2）、鱼种来源（CCP3）、饲料供应（CCP4）、养殖生产（CCP5），分析见表1-1。

表1-1　斑点叉尾鮰安全生产危害分析及关键点控制

关键点	显著危害	预防措施	关键限值	监控措施	纠正措施
水体环境（CCP1）	有害化学污染	进行土壤分析，实施污染监测计划	土质及水质指标，土壤控制因子	养殖场及周围土壤、水质分析，污染源的调查	水质处理，转移养殖对象，另行选址
水质和水源（CCP2）	化学污染物、寄生虫、病原菌	水源选择，水质净化、消毒处理，清除饲源性吸虫及其中间宿主和病原菌	水源和水质符合国家和国际标准；无可感染人类的寄生虫、病原菌及其中间宿主	实验室分析水源水质；检测螺类、虫类、鱼类是否被寄生虫感染	选择新水源，转移养殖鱼类，进行水质处理，清除寄生虫，改造池塘
鱼种来源（CCP3）	农残、药残、重金属超标	鱼种供应商依批次提供书面证明	每批鱼种须出示《无公害水产品基地》证书	审阅水产品基地证明，SC 1031—2001标准，抽样检查	拒收
饲料供应（CCP4）	生物或化学污染，添加剂及渔药的滥用	从正规厂家进货，正确储藏饲料，选择适合的配方，按照国家规定和使用说明	符合国家颁布的标准或国际标准，遵照生产厂家的说明	对供应商质量验证，实验室分析、试验，对用量监控，观察分析降解周期	杜绝不合格的饲料，转移养殖对象，延长净化时间

（续）

关键点	显著危害	预防措施	关键限值	监控措施	纠正措施
养殖生产 （CCP5）	化学品残留、渔药残留、病原菌	苗种放养前消毒，合理投食及药物使用，调节水质，防止水体污染	国家标准和技术操作规程或国际上的规定	对养殖用水、渔药及其使用监督；检测处理时间及条件，检测、观察降解周期	误用渔药后可转移养殖对象，延长净化时间

1. 水体环境 对养殖场的选址、设计和建造必须认真进行，其危害可能出现在养殖场周围环境中，此环节应设为关键控制点。设计、建造符合养殖条件的斑点叉尾鮰养殖场，首先对水源进行详细的调查。应该水源充足，水质清新，水温适宜，不带病原菌和有毒物质，水的理化性状适宜斑点叉尾鮰生活的要求，并不受自然因素及人为污染的影响，其水质必须达到 GB 11607—89 国家标准和农业部无公害食品 NY 5051—2001、NY 5055—2001 标准。

2. 水源和水质 斑点叉尾鮰养殖场所要远离工业、农田和居住区，以避免水源受到污染。养殖水体的水质应该满足渔业用水标准，不能含有过量的对人体有害的重金属、化学物质，水体的底泥及周围土壤中的重金属含量指标不能超标。在日常的管理中，应每天测定养殖水体的温度、pH、溶解氧、氨氮、硫化物等指标。通过水质分析和对底质的污染指标的监测，测出污染物的组成、变化及迁移的情况。

3. 鱼种来源 鱼种来源不正规或鱼种本身含农残药残、重金属超标则会直接影响鱼的品质，使鱼体免疫力低下，易感染各种疾病，生长缓慢，适应性降低，这些都是显著危害，应设为关键控制点。预防措施是从正规的良种场引进鱼种，审阅其水产品基地证明，按 SC1031—2001 标准挑选鱼种，并对鱼种进行实验室抽样，检查农残药残、重金属等指标。

4. 饲料供应　饲料的安全性直接影响到斑点叉尾鮰的安全生产。饲料供应的危害主要是饲料中的各种添加剂，如为了防腐添加各种药物、为了诱食添加诱食剂、为了使配合饲料黏合性强而添加黏合剂等，都会在饲料供应环节引入危害。饲料原料若被有毒有害物质、农药等污染或饲料在加工过程中被有毒有害物质污染，则在养殖生产中会导致斑点叉尾鮰生长缓慢或致病，也可能因养殖的斑点叉尾鮰体内有毒、有害物质含量过高而影响消费者的食用安全。这些危害一旦发生，将会产生严重后果，因此应设为关键控制点。预防措施是从正规厂家购买饲料，正确储藏饲料，日常投喂管理必须将饲料投匀、投足、投好，不得投喂腐烂变质的饲料。饲料配方符合《饲料和饲料添加剂管理条例》和《无公害食品　鱼用配合饲料安全限量（NY 5072—2001）》标准。若不慎使用了不合格饲料，则应延长净化时间，更换使用优质饲料，重新检验斑点叉尾鮰安全性。

5. 渔药使用　渔药的使用必须按照农业部发布的《无公害食品渔用药物使用准则（NY 5071—2001）》的规定执行，严禁使用未取得生产许可证、批准文号、生产执行标准的渔药。在斑点叉尾鮰病害防治中，首先要查明病因，正确选用渔药。在选择渔药时要注意严格遵循无公害水产品的有关规定，使用"三效"（高效、速效、长效）、"三小"（毒性小、副作用小、用量小）的渔药。准确计算药量，合理施放。推广使用高效、低毒、无残留的药物。不得选用国家禁止使用的药物或添加剂，也不得在饲料中长期添加抗菌药物。防止滥用渔药与盲目增大使用量或增加用药次数、延长用药时间，严格执行常用渔药休药期。建立全面的、完整的、真实的用药记录，确保斑点叉尾鮰无公害化、绿色化、环保化。

（四）建立验证措施

验证措施是为了保证 HACCP 系统是处于正常的工作状态

中。验证工作由 HACCP 执行小组负责，主要包括：验证检查 CCP 的控制方法是否准确，纠偏措施是否有效，检查监督的人员是否复查监控记录与产品检验报告，是否做好监控记录；验证 CCP 是否得到有效控制，抽样检验 CCP 控制的安全性；审查 HACCP 计划实施的程序是否按照原计划进行，检验该 HACCP 计划的有效性。

（五）建立有效的记录保持程序

文件记录的保存是有效执行 HACCP 基础，以书面形式证明 HACCP 系统的有效性。保存的文件包括：说明 HACCP 体系的各种措施；用于危害分析的数据；执行小组的报告和决议；监控方法和记录；有专门监控人员签名的监控记录；偏差和纠偏记录；审定报告等以及计划表；危害分析工作表等。

总之，在斑点叉尾鮰养殖过程中实施 HACCP 体系，按照 HACCP 体系的要求，加强斑点叉尾鮰在养殖生产环节的管理和安全控制，适时监控斑点叉尾鮰在养殖过程中的药物和重金属含量，并采取必要的预防和控制措施将药物残留和重金属含量控制在规定限值以内，才能真正做到从养殖源头开始消除或降低安全危害，从而实现斑点叉尾鮰的安全生产。

第二章
斑点叉尾鮰的生物学特性

第一节 形态特征

斑点叉尾鮰体型较长,体前部宽于后部,头较小,吻稍尖,口亚端位,体表光滑无鳞,黏液丰富,侧线完全,皮肤上有明显的侧线孔。头部上下颌具有深灰色触须4对,其中鼻须1对,颌须1对,颐须2对,长短各异,以颌须为最长,末端超过胸鳍基部,鼻须最短。鳃孔较大,鳃膜不连于颊部,颐部有较明显而不规则的斑点,体重大于0.5千克的个体斑点逐渐消失。具有脂鳍一个,尾鳍有较深的分叉,各鳍均为深灰色。体两侧背部淡灰色,腹部乳白色。幼鱼体形稍类似蝌蚪型,体两侧有明显而不规则的斑点,成鱼斑点逐步不明显或消失。斑点叉尾鮰形态结构见图2-1。

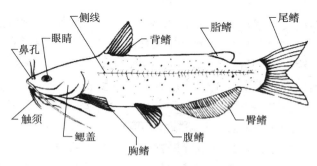

图2-1 斑点叉尾鮰形态结构

第二节 生活习性

斑点叉尾鮰在原产地一般栖息在湖泊、大型或中等河流中，属底层鱼类。幼鱼阶段活动能力较弱，喜集群在池水边缘摄食、活动，随着鱼体的长大，游泳能力增强，逐渐转向水体下层活动。冬天主要在水体底层活动，而且活动能力明显降低。斑点叉尾鮰通常喜欢于清凉、较深和底质有沙砾、石块的水中，在夜间做短距离的游动，从湖泊游到河的支流进行觅食；在日出或日落期间经常发现该鱼的活动能力明显加强。

斑点叉尾鮰对环境的适应性很强，适温范围为 0～38℃，水温为 4～5℃时开始摄食，39℃时停食，最适生长温度为 18～34℃。同时耐氧能力也较强，在水溶解氧为每千克水体 2.5 毫克以上即能正常生活，溶解氧低于每千克水体 0.8 毫克时开始"浮头"，每千克水体 0.34 毫克时窒息死亡。正常生长的 pH 范围为 6.5～8.5，而以 6.3～7.5 为最适范围，适应盐度为 0.2～8.5。因此，我国大部分地区都适合养殖斑点叉尾鮰。

第三节 食 性

斑点叉尾鮰属肉食性鱼类，经多年养殖驯化，已转变为植物性饲料为主的杂食性鱼类。在天然水域中幼鱼主要摄食浮游动物，如轮虫、枝角类、桡足类、摇蚊幼虫、无节幼体等，成鱼则以底栖生物、水生昆虫、枝角类、软体动物、甲壳类、绿藻类、大型水生植物、植物种子和小杂鱼等为主要饵料（彩图 1）。在人工饲养条件下，各生长阶段鱼均能摄食人工配合饲料。斑点叉尾鮰日夜均摄食，且有集群摄食的习性，主要以底层摄食为主，但幼鱼有时也游到水面摄食。在 10 厘米以前是以吞食、滤食方式并取，10 厘米以后以吞食为主，兼滤食。

第四节　年龄与生长

斑点叉尾鮰属大型鱼类，最大个体可达 20 千克以上，一般成鱼规格为 0.5～1.0 千克。在池塘养殖条件下，当年鱼体长可达 18.0～19.5 厘米，2 龄鱼可达 26～32 厘米，3 龄鱼为 35～45 厘米，4 龄鱼为 45～57 厘米，5 龄鱼可达 57～63 厘米，雄鱼的生长速度快于雌鱼。在网箱养殖条件下，当年苗种个体可达 50～150 克，第二年个体可达 600～1 000 克，第三年个体可达 2 000～2 500 克。斑点叉尾鮰在第一次性成熟后其生长速度没有明显的下降痕迹。

第五节　繁殖习性

斑点叉尾鮰雌、雄性比约 1∶1，3～5 龄达到性成熟，3 龄鱼达到性成熟的占 30%～40%。产卵季节在湖北地区为 5 月底至 7 月底，广东等南方地区为 5 月初至 7 月初，但由于亲鱼培育状况和气候的不同，难免会出现提前或推迟的现象。产卵水温为 20～30℃，最适宜的产卵温度为 21～26℃。通常雌鱼相对怀卵量为每千克体重 4 000～15 000 粒。产卵数量因亲鱼个体大小、第 1 次与第 2 次性成熟而存在明显的差异。一般个体在 1 千克以上，第一次产卵量为每千克体重 4 000～7 000 粒，第 2 次产卵量为每千克体重 7 000～15 000 粒；但单位体重的怀卵量随体重增加而减少。在条件良好的情况下，1 尾雄鱼可与 2～8 尾雌鱼交配。在自然条件下，多选择僻静、阴暗的岩石下或凹形洞穴筑巢产卵。在人工池塘中，一般需放置一些产卵装置，如人工鱼巢等。雌鱼一般每年仅产 1 次卵，而雄鱼可多次排精。亲鱼有筑巢和护巢的习性，筑巢多由雄鱼承担。雄鱼引诱雌鱼在坑中产卵或使其产在水草等物体上。卵黄色，卵径 3.5～4.0 毫米，产出后相互黏连成块状。卵块的大小随亲鱼大小而异，据报道，国内发现的最大卵块达 2 千克以上（每千克 2 万～3 万粒）。雌鱼产卵后即离巢，由雄鱼守护卵块，并以尾鳍摆动搅水增氧，清除附着于卵块上的污物，使鱼卵正常孵化，直到鱼苗能摄食为止。其自然孵化率很高，可达 90%以上。在 24℃左右时，孵化期为 6～7天，刚孵出的仔鱼全长 10 毫米左右，在水底停留 2～3 天后开始游至表层摄食，此时平均体长 16 毫米左右。出膜 10 天左右，器官分化完毕。

第三章

斑点叉尾鲴的人工繁殖与苗种培育技术

斑点叉尾鲴的人工繁殖技术目前非常成熟，常见的繁殖方法有三种：一是在池塘中自然产卵受精、自行孵化，然后收集鱼苗；二是自然产卵受精、人工孵化；三是人工催产孵化。其中第一种方法孵化率极低，且鱼苗在亲鱼池中数量无法估计，收集鱼苗也难以进行，故很少被采用；而第三种因雄鱼精液很难挤出，只能用杀鱼取精的方式进行人工授精，这对保护亲鱼不利，所以较少被采用。因此目前最常用的是第二种方法，即选择性腺发育良好的良种亲鱼，进行配组后放入产卵池，让其自然配对产卵受精，再收集卵块进行人工孵化而获取鱼苗。

第一节　亲鱼的选择与培育

一、亲鱼的选择

繁殖用亲鱼应选择经过纯系选育、年龄最好在 4 龄以上（含 4 龄）、性腺发育良好、体质健壮、无病无伤、体重在 1.5 千克以上的亲鱼。亲鱼雌、雄配组比以 3∶2 为宜。

雌雄鉴别方法：在非生殖季节，雄鱼头部稍宽，体色偏黑，雌鱼头部稍窄（彩图 2）。在繁殖季节可根据生殖孔、鱼体外形和体色进行鉴别。雌鱼腹部膨大柔软、有弹性，卵巢轮廓明显，头宽小于体宽，身体及头部呈淡灰色；雄鱼头宽大于体宽，头部两侧有较大的肌肉瘤，体色呈灰黑色，腹部窄平且瘦。雄鱼外生殖器呈很小的乳头状突起，其末端与皮肤分离，繁殖季节呈膨大较硬状态；雌鱼的外生殖器平而圆，不突起，生殖孔位于肛门与泌尿孔中间，通常微红膨胀（彩图3）。

二、亲鱼的培育

（一）培育池的选择

池塘面积3～5亩①为宜，水深1.5～2.0米，水质良好，水源充足，靠近水源，排灌方便，保水性能好，池底平整，淤泥少或埂底，沙质底最好。进、排水口装好拦鱼设施，放养前要用生石灰或漂白粉等药物彻底清塘消毒。

（二）亲鱼放养

亲鱼的放养密度一般为200～300千克，不得超过400千克。可根据池塘条件和面积来定，面积为2～3亩，每亩放养130～150尾；面积为4～6亩，每亩放养120～130尾。每亩原搭配10厘米左右的鲢、鳙鱼种250～300尾，有利于控制水质。为防止争食而影响斑点叉尾鮰亲鱼的性腺发育，亲鱼培育池内禁止套养鲤、鲫、草鱼等吃食性鱼类。

（三）饲养管理

亲鱼池的水质要求为：透明度在30～40厘米，溶解氧在每千克水体4.5毫克以上，有机耗氧量在每千克水体8毫克以下，pH7.0～8.5，氨氮含量在每千克水体0.4毫克以下，铁在每千克水体0.5毫克以下，硫化氢在每千克水体0.005毫克

①　亩为非法定计量单位，因生产中仍常用，本书予以保留。1亩＝1/15公顷。——编者注

以下。

调节水质的措施主要有以下几种：

1. 定期注、排水　开春后将池水换去 2/3，并加注新水，以后每 10 天左右冲一次水，每次加水 20～30 厘米；产卵前 1 个月内，每 3～5 天冲一次水，每次加水 5～10 厘米；在产卵期间保持产卵池微流水，以刺激亲鱼性腺加速成熟。

2. 池塘种植水草以净化水质　水草种类有轮叶黑藻等，种草面积为池塘面积的 1/10 左右。

3. 投放生石灰水和沸石粉　每 15～20 天全池泼洒一次生石灰水，每亩池塘用量为 15～20 千克；每月全池泼洒一次沸石粉，每亩池塘每次用量为 100 千克；当水体中有机物增多，氨氮等有害物质含量过高时，结合使用光合细菌、EM 菌等微生物制剂净化水质。

饵料以配合饲料为主，结合投喂部分动物性饵料。配合饲料的营养要求为：粗蛋白质含量为 35%～37%，粗脂肪为 10% 左右，粗纤维为 4%～5%。根据饲料原料的来源，可参考以下配方加工饲料：鱼粉 20%～25%、蚕蛹及动物内脏等 10%～15%、豆粕 30%、米糠 8%、玉米及面粉各 10%、无机盐及多维素添加剂 3%、动植物油 3%～4%。投饲率根据水温的变化及时调整：水温在 12～18℃时，投饲率为 1%～2%；水温在 20～25℃时，投饲率为 3%～4%；水温在 26～30℃时，投饲率为 4%～5%。日投饲量视鱼的摄食、水质、天气情况灵活掌握，以投后 30 分钟内吃完为宜。为防止大、小鱼及雌、雄鱼间的争食现象，保证亲鱼性腺发育，要适当增加投饲范围和次数，每池设 2～3 个投饲点，日投 2～3 次。在亲鱼产卵前与产卵后 1 个月内，需要加强营养，可每天投喂一次鲜蚕蛹、畜禽内脏或小杂鱼虾等动物性饵料，加速亲鱼性腺的营养积累和转化，同时有利于亲鱼产后的体质恢复。斑点叉尾鮰有集群摄食的习性，因此投喂方法应采用集中投喂，一般投喂范围约占鱼池面积的 10%。

第二节　产卵行为特点

一、亲鱼的年龄与大小

斑点叉尾鮰性成熟年龄多数为 4 龄，少数为 3 龄。据湖北省水产研究所 20 世纪 80 年代统计，4 龄鱼达到性成熟的占 68%，而 3 龄鱼性成熟仅占 16%。3 龄性成熟体重为 1 200 克左右，但是 3 龄鱼不宜作为亲鱼，主要是产卵率很低，原产地统计仅为 20%左右。随着年龄的增长，成熟度和产卵率会相应提高。4~8 龄为人工繁殖的最佳年龄段；最佳产卵体重为 1.8~3.6 千克；过大的亲鱼繁殖操作不便。所以，亲鱼的最低标准应在 4 龄以上，个体重量 1.5 千克以上，体长在 30~51 厘米之间为宜。

二、繁殖力

斑点叉尾鮰属于一次性产卵类型，即一年产卵一次。不同成熟年龄的亲鱼，产卵数量有较明显的差异。一般第一次性成熟个体，产卵量为每千克体重 4 000~6 800 粒，第二次性成熟个体产卵量为每千克体重 7 000~15 000 粒。据蔡焰值（1988）等报道，在池塘养殖条件下相对怀卵量为每千克体重 3 913~15 060 粒。

三、性腺发育

（一）雌、雄性腺外形

斑点叉尾鮰雄鱼生殖器官包括输精管、精巢（彩图 4）1 对。鮰科鱼类的精巢，与一般鲤科鱼类有很大差别，精巢形状不规则，呈树枝状，输精管左右合并成一条，精液似水状，不易挤出，所以，进行人工授精，只有采取杀死雄鱼取出精巢的办法，对资源的保护极为不利。雄鱼在全年各个月，都有具有生命力的精子，能多次排出精液。雌鱼卵巢（彩图4）1对，长袋状，右侧略大。

（二）性腺的特征与发育

成熟的斑点叉尾鮰一般卵巢停留在Ⅲ期越冬。成熟的卵细胞呈椭圆形，深橘黄色，产卵受精后产生极强的黏性，结成不规则的块状；卵膜较厚，卵半透明，卵黄丰富，卵沉性。

斑点叉尾鮰属一年一次性成熟类型，其性腺形态和性细胞产生呈年周期性变化。随季节、水温升高，亲鱼性腺成熟系数逐步加大，2～5月尤其明显。在此期间，卵母细胞发育成次级卵母细胞，进行卵黄积累，性腺由Ⅱ期、Ⅲ期很快发育到Ⅳ期，成熟的卵细胞充满卵黄，性腺进入临产期，体积与重量迅速增长。产卵后留下空滤胞、少量尚未排出的卵细胞以及在单层滤胞时相各发育时期的卵原细胞和卵母细胞，此时卵巢松软，体积与数量下降明显，性腺进入Ⅵ期。而精巢的发育一般比同期卵巢发育更早一些。

四、繁殖季节

在不同地理环境和气候条件（水温）下，斑点叉尾鮰的繁殖季节有所不同。国内以长江流域为代表，其产卵时间始于5月下旬，盛期为6月中旬至7月中旬；华南地区产卵开始时间为5月初，盛期为5月中旬到6月中旬；华北地区产卵季节为7月初至8月中旬。提前或推迟主要受水温影响。亲鱼性成熟次数不同，产卵开始时间也有不同。通常第一次性成熟的亲鱼，产卵开始时间晚，而第二次性成熟或多次成熟的亲鱼，产卵开始时间相对较早。

五、对环境的要求

斑点叉尾鮰和其他淡水鱼类一样，从性成熟到产卵繁殖，除了受自身生理条件的制约，下列环境因素对其生殖活动也有决定影响：

1. 天气状况　斑点叉尾鮰一般在天气晴好的状况下产卵，天气突变会对其生殖活动产生一定的影响。

2. 温度　产卵的适宜气温为 23～28℃，水温为 19～30℃，在此范围内均能自然产卵和受精。但如水温骤升、骤降超过 5℃时，会直接影响其生殖活动。

3. 水质　生殖水域溶解氧要求在每千克水体 4～5 毫克以上；透明度为 40 厘米左右；pH 在 6.5～8.5 之间。总之，只有水质清新、溶解氧丰富的水域，才能满足其生殖活动时的需要。

4. 水的深度　适宜的水深为 1.3 米左右。

5. 底质　产卵水域的底质，以沙质、淤泥少或硬质底为佳。

六、产卵过程

在生殖季节，雄鱼有引诱雌鱼产卵的习性。雄鱼一般在阴暗的树洞、凹地、洞穴中引诱雌鱼，待雌鱼进入产卵巢后进行交配产卵。雌鱼产卵是间断性的，雌鱼产一层卵，雄鱼产一层雾状精子，雌鱼再产卵，如此反复，可达几个小时之久，一直到雌鱼将卵全部产完为止，受精卵凝结成果冻状胶质卵块。生殖活动结束后雄鱼将雌鱼赶出巢穴，并用胸鳍、腹鳍、尾鳍在卵块附近不断地扇动产生水流进行孵化、守护，直至鱼苗孵出。

七、产卵巢

斑点叉尾鮰是一种典型的筑巢产卵型鱼类，产卵时需要产卵巢，这是和一般淡水鱼不同的地方。到了亲鱼成熟产卵的时候雄鱼就会找到最佳的产卵点引诱母鱼进去产卵，在江河、水库、湖泊等天然水域中斑点叉尾鮰一般选在较大的洞穴中产卵。因为该鱼自身不能打洞，只能利用天然洞穴，所以在人工养殖的池塘中须放置人工产卵巢，否则大多数亲鱼无法产卵。

第三节　自然产卵与人工孵化方式

一、自然产卵

由于人工授精对亲本的伤害比较大，亲本的死亡率比较高，因此在实际生产中一般采用人工催产、自然交配、人工孵化的办法获取斑点叉尾鲴苗种。

斑点叉尾鲴亲鱼的性腺不同步，群体自然产卵时间较长，会影响生产。一般采用注射催产药物的措施以缩短群体产卵时间。常用催产药物有鲤鲫鱼脑垂体（PG）、绒毛膜促性腺激素（HCG）和促黄体生长素及其类似物（LRH - A）。催产药物用量为：每千克雌鱼用 PG 4～6 毫克，或 HCG 1 000 国际单位，或 LRH - A 2.0～2.5 毫克，或 PG2 毫克＋HCG600～700 国际单位的混合剂。雄鱼剂量减半。一般采用胸鳍基部或一次肌内注射。注射液用生理盐水配制，用量以每千克体重 2 毫升为宜，注射垂体悬液用 7～8 号针头，激素及类似物用 5 号针头。注射后的亲鱼放回原亲鱼池、产卵池或水泥池。单种药物催产产卵效果较混合药物好。

产卵巢一般采用牛奶桶、木桶、瓦罐、橡胶抽水管及木箱等，大小以能容纳一对亲鱼自行活动为宜。采用牛奶桶或木箱等轻质材料做人工产卵巢时，在生产过程中我们发现这种产卵巢放到池塘里斑点叉尾鲴在里面产卵的时候会左右摇晃从而影响产卵效果，因此必须在产卵巢里放石块之类的重物。据观察比较，一般亲鱼更喜欢在长方形的产卵巢中产卵。建议产卵容巢的尺寸大致为长 80 厘米、宽 40 厘米、高 30 厘米，留亲鱼进、出孔直径为 20 厘米。这种产卵容器可作为体重为 4 千克的亲鱼的产卵巢。如果产卵巢体积偏大的话另外一条雄鱼也看上这个产卵点就会产生争斗。同时产卵巢的内壁要尽量光滑，免得这个鱼在里面交配产卵时会擦伤鱼体，除了内壁，产卵巢的底部也要设计。产卵巢一端留有 1 个开口，大小要使亲鱼能自由进出，另一端用尼龙纱布封底，防止漏卵及提巢检查时出水以减轻重量。

产卵巢一般平放于离池边 3～5 米远、水深 0.5～1.0 米的池塘底部，开口端朝向池的中央，开口端用绳子捆住，绳子另一端系 1 个浮子，便于采集卵块时识别。产卵巢的数量一般为亲鱼对数的 50％左右，产卵巢间距为 5～6 米。当水温达到 18～19℃时开始放置产卵巢，待水温升到 20℃以上时要进行检查，如检查多次未发现卵块，可移动产卵巢以刺激亲鱼产卵。

二、人工孵化方式

斑点叉尾鮰的受精卵为沉性卵，孵化时须将卵块悬挂于水层中，并保持冲水、充气以满足受精卵发育时对水质、溶解氧的需求。主要孵化方式有以下几种。

(一) 水箱充气孵化

水箱（彩图 5）用铁皮或塑料制作，建议尺寸大致为长 1.2 米、宽 0.8 米、高 0.5 米，用微型空气压缩机向箱底部充气增氧，每箱可放卵 3 万～4 万粒，每天换水 1 次。该法适合于小批量育苗生产。

(二) 水泥池喷淋孵化 (彩图 6)、充气孵化 (彩图 7)

水泥池建议尺寸大致为长 3.0 米、宽 1.5 米、深 0.7 米，池底设有环形充气装置，每池可放卵 6 万～8 万粒，每 2 天左右换一次水，用空气压缩机通过池底环形管向池水充气增氧。

（三）环道孵化

在进行大批量生产时，可使用鲤科鱼类的孵化环道（彩图8），放卵密度为每立方米水体 20 万～30 万粒。将卵块放入孔径 0.18 毫米（10 目）左右的塑料筐内消毒后，连卵带筐挂在环道的水层中，水的流速控制在每分钟 1.0～1.5 立方米。

第四节　卵块的收集与孵化

一、卵块的收集

完成最后一次注射将亲鱼放回产卵池 24 小时后，开始检查其产卵情况。由于亲鱼的产卵活动大多在晚上或清晨，检查得太早会影响亲鱼的产卵活动，过晚则会影响受精卵的发育，故建议检查产卵巢（彩图 9）、收集卵块（彩图 10）的时间以上午10：00—11：00 为宜。检查产卵时间间隔在产卵初期以 3～4 天为宜，在产卵高峰期水温 21℃ 以上时，可每天检查一次甚至下午可以再收一次卵块，一般都是在 15：30—16：30，不要超过16：30，因为 16：30 以后，亲鱼又要进行找巢产卵，这时候检查就会干扰到亲鱼。检查卵块时，将产卵巢轻轻提出水面，赶走亲鱼，用手轻轻取出卵块，并注意防止阳光直射。运送卵块一般用内壁光滑的桶带水迅速运至孵化处，运卵时最好用亲鱼池的水，温差不超过 3～4℃，如距离远要采用塑料袋充氧运输的方式。受精卵要先用每立方米水体 5～10 克高锰酸钾消毒 10 分钟，消毒后用清水把高锰酸钾溶液冲洗掉再放入孵化容器中孵化。

二、孵化

受精卵要进行流水孵化，常用孵化设备有孵化环道、孵化槽、流水孵化水泥池等，目前我国常采用孵化槽（彩图11）。

孵化槽是一种长方形的带搅拌装置的孵化工具。该设备根据天然水体中斑点叉尾鮰的繁殖习性而设计，采用水车式搅水器、转轴上带螺旋式叶片分布，转速为每分钟28～30转，使槽内水体波动，借以增加溶解氧及使卵块轻微摆动，还使水体内有机物随水波动向溢流管外排，并不断从进水阀中以每分钟10千克的流速加注新水。在生产中孵化时一般是把卵块用12目左右铝丝网布编制的孵化篓（彩图12）盛装，悬挂在水体中，每只孵化篓能容纳1 500克左右的卵块。国内的水产企业曾设计出一种不需电力，只要具备水位差的孵化器，孵化率在95%以上，特别适合斑点叉尾鮰等名贵鱼类的黏性卵孵化。

1. 卵块规格 斑点叉尾鮰的受精卵比较特殊，它们的黏性很强，卵粒会相互黏结成不规则块状，像一个大铁饼似的，为防止卵块中间的卵粒缺氧窒息死亡或发霉，霉卵又影响其他正常卵粒卵化，所以应将500克以上的卵块（彩图13）用刀或手分成小块后放入孵化槽孵化。分割卵块的时候，可以用手首先从中间顶，顶开之后再从下面慢慢拉开，不过需要特别注意的是，从池塘里取出来的卵块不能马上分割，最少要求是8小时之后待受精卵充分吸水才能分割。

2. 孵化水质 孵化槽一般放在室内弱光条件下使用。孵化用水要求水质清新，无污染，孵化水温保持在20～30℃，最适水温为23～28℃，溶解氧保持在每千克水体6毫克以上，pH 6.5～8.0。孵化槽内水的流速控制在每分钟10～15千克，流水水泥池内水的流速控制在每分钟20～25千克。

三、孵化管理

孵化期间对于死卵、未受精卵要及时清除，防止水霉菌感染。同时卵块要勤翻动，对孵化篓和孵化盆要勤检查，发现有泥尘、有机物、卵膜等杂质黏附在上面要勤刷洗。孵化过程中要注意避光遮阴，不要让阳光照射到受精卵。水温在 26℃ 左右，从卵块到出膜一般需 7～8 天时间。孵化 1～2 天可见心脏搏动，3～4 天卵变红色（血管布满卵粒），4～5 天眼点开始出现，5～6 天卵胚胎开始转动，7～8 天鱼苗现形并出膜。在这阶段，要特别注意水电是否正常，如果有异常，要用人工办法增加槽中的氧气和随时换水。在水温超过 30℃ 时要用采取降温措施，以确保卵能正常地生长发育。孵出的鱼苗在水槽底部的聚集成团，此时的鱼苗称为卵黄苗（彩图 14）。卵黄苗处于内源性营养阶段，靠卵黄囊提供营养，约 3 天后即能开口摄食，并开始浮游，此时称为浮游苗（彩图 15）。进入浮游苗阶段 1～2 天后移入浮盘继续孵化。常用浮盘规格为 1 米×1 米×（0.15～0.20）米，四周用木板制成边框，底部为尼龙筛绢，筛绢规格要求鱼苗不能漏出，一般用 1.5 毫米网目。浮盘放置在流水的水池中，在浮盘上方向盘内喷淋，在浮盘下方用气泡石充气增氧，以保证水体的交换与充足的溶解氧。一个浮盘可放 3 万尾左右的卵黄苗，载有 10 只浮盘的水池每分钟水的流量要达到 40 千克以上。鱼苗转入浮盘后即开食，4 小时投喂 1 次。如果投喂的是配合饲料，则配合饲料的蛋白质含量要求达到 50% 左右，日投饲量为鱼苗体重的 10%～15%。应注意每天应及时清除残饵、粪便等污物。

斑点叉尾鮰的受精卵孵化期较长，在孵化期间特别容易感染水霉病，因此在鱼卵变红为色以前必须每天对鱼卵进行一次消毒。消毒时可以使用每千克水体 3 毫克高锰酸钾溶液浸泡 10～15 秒；或每千克水体 100 毫克福尔马林溶液浸泡 4～5 分钟；最好是两者交替使用，绝对禁止使用孔雀石绿。2005 年，国内的一家加工厂出口到美国的斑点叉尾鮰鱼片中检测出了孔雀石绿残留，180 吨鱼片全部被销毁，给加工厂造成了非常大的经济损失，同时还导致加工厂的信誉受损。最终的调查结果证实是在鱼卵孵化过程中使用了孔雀石绿造成的。

第四章

斑点叉尾鮰苗种的安全生产技术

第一节 鱼苗的发育过程及特点

一、食性的变化

刚孵出的鮰鱼苗,以卵黄为营养。随着鱼苗逐渐长大,卵黄被逐步消耗,此时鱼苗过渡到混合营养阶段,即一面吸收卵黄,一面摄食外界食物。当卵黄囊完全消失后,鱼苗以摄食水中浮游生物或人工配合饲料为主。

斑点叉尾鮰鳃耙少而短,滤食功能不强,摄食方式是以主动吞食为主,体长在4.5厘米以前主要食物是轮虫、无节幼体、枝角类等浮游动物,食物的大小依鱼苗的口径而定,往往会出现过大的食物吞不下、过小的食物吃不到的现象。

全长4.5厘米以上的鱼苗,食性开始转化,此时除能摄食大型浮游生物外,还能吞食底栖动物如摇蚊幼虫(图4-1)、水蚯蚓(彩图16)等以及人工配合饲料。

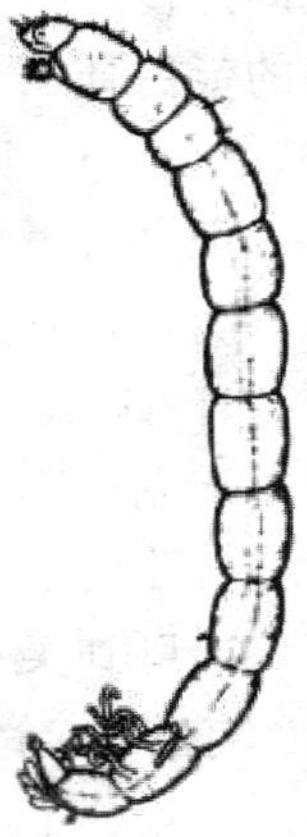

全长10厘米左右时,食性基本接近成鱼。在人工养殖状况下,主要以配合饲料为主,并摄食底栖动物和摇蚊幼虫、水蚯蚓等,其食性与鲤、鲫基本相似。针对该鱼从鱼苗到成鱼都

图4-1 摇蚊幼虫

有集群习性的特点，这就要求要采取相应的投饲方法，使鱼苗都能均匀而充分地摄食。

总之，斑点叉尾鮰从鱼苗至成体阶段的摄食方式是不同的：体长在 10 厘米以前，吞、滤食方式并用，10 厘米以后开始以吞食为主，兼滤食；食性则以动物性食物为主，并具有很高的可塑性。在养殖过程中，可以完全使用人工配合饲料投喂，但要求饲料中的蛋白质含量较高。

二、生长特点

斑点叉尾鮰属大型鱼类，其生长速度相对较快。和其他鱼类一样，在不同生长阶段和生活环境会呈现出不同的生长特点，体长和体重的相关关系也会有所差异。

根据饲养观察可知，鱼苗在肥水下塘的条件下，一般经过 15 天左右的饲养，规格就达到 3 厘米以上；30 天后增至 8～10 厘米；在鱼种阶段体型较细长。

该苗种的生长速度与水温、水质、放养密度、营养和管理水平等条件密切相关。所以，在苗种的培育过程中必须调控好这些因素，使之处于最佳状态，以获得好的饲养效果。

第二节　池塘苗种安全生产技术

斑点叉尾鮰的池塘育种

斑点叉尾鮰的池塘苗种培育与"四大家鱼"苗种培育管理基本相同。

清塘后，在鱼苗下塘前 7～10 天注水 50～60 厘米，然后在池角堆放有机肥料，培养鱼苗的天然饵料，这种方法被称为肥水下塘，是我国传统的养鱼技术，非常适合斑点叉尾鮰苗种培育使用。施基肥的数量和种类，应因地制宜。依肥料成分可分为两种：一种为有机粪肥，如畜、禽、人粪尿，一般在鱼苗下塘前3～5天施入，用量为每亩水体300～500千克，施肥量主要视池塘肥度增减。如新塘、沙底质塘应多施，淤泥较厚的老塘就少施。另一种是大草绿肥，一般在鱼苗下塘前5～7天堆沤，用量为每亩水体300～400千克。为了加速肥水，可兼施化肥，一般每亩水体施氨水5～10千克，或每亩水体施硫酸铵、尿素、氯化铵等4千克，过磷酸钙每亩水体3～4千克。

　　肥水下塘应充分掌握好浮游生物与鱼苗食性转化的一致性。鱼苗池施肥后，各种浮游生物的繁殖速度和出现高峰的时间不同，一般顺序从小到大依次为浮游植物和原生动物、轮虫和无节幼虫、小型枝角类、大型枝角类、桡足类。斑点叉尾鮰鱼苗入池后的食性转化规律同样也是从小到大，即从轮虫和无节幼虫转化为小型枝角类，再转向大型枝角类和桡足类；鱼苗的需求和浮游生物产生有共同的特点，关键在于使之相互吻合。适时下塘就是在池中轮虫量达到高峰时进行鱼苗放养，使其在以后的各个发育阶段都有丰富适口的食物。下塘过早，轮虫数量偏少，鱼苗入池饵料不足会影响生长；下塘过晚，错过了饵料生物量的高峰期，同样会因无法获得足够的饵料而影响生长。

　　当池水轮虫量达到高峰时，每升水含轮虫5 000～10 000个，生物量可达20毫克以上。池水中轮虫数量可用肉眼直接观察，即用玻璃烧杯取池水对着阳光粗略计算每毫升水中的小白点（即轮虫）数目，如果每毫升水含有10个小白点，那么每升水大约含有1万个轮虫。

　　水温在20～25℃时，施肥后8～10天池中轮虫量达到高峰，一般持续3～5天后就会迅速下降。如果施肥过早，而鱼苗不能及时下塘，为防止池中轮虫高峰期过早消失，应追施有机肥，每2天每亩水体施80～100千克，这样能够延长轮虫高峰期达7～10天。此时也正是池中小型枝角类零星出现时，可在追施有机肥的同时在池中每亩水体施用晶体敌百虫0.3～0.5毫克杀灭，以防止枝角类大量发生。

　　培育池面积 2～5 亩为宜，深为 1.5 左右，备有进、排水系统，水质清新充足无污染。将卵黄囊消失后 2～3 天的鱼苗放入肥水中，每亩放 8 万～10 万尾，经 15 天左右长至 2.0～3.5 厘米。然后进行二级饲养法。一级饲养是将 2 厘米左右的鱼苗养到 10 厘米左右，每亩放 2.5 万～3.0 万尾；二级饲养是将 10 厘米左右的鱼种养成 30～50 克的大规格鱼种、每亩放 7 000～8 000尾。由于该鱼喜欢集群摄食，不宜采用常见的"稀养速成法"。因为斑点叉尾鮰的苗种喜集群觅食，放养密度过低不仅水体得不到充分利用，也不利于训练鱼种的集群摄食能力，这样会降低饲料利用率及鱼苗成活率。鱼种培育一般以单养为主，可在鱼苗下池后 15 天左右每亩搭配规格为 4 厘米的鲢 400～600 尾，以调节水质。鱼苗进池时，水深要求 0.9 米左右为好，以后随鱼体的增长而逐渐加深池水，直至加深到 1.5 米左右为止。在整个饲养期间，要求溶解氧最好能保持在每千克水体 5 毫克以上，pH 在6.5～8.3，注意适时加注新水以调节水质肥度。

　　斑点叉尾鮰在 4.5 厘米以下时偏重摄食浮游动物（轮虫、枝角类、桡足类）、摇蚊幼虫及无节幼体。因此既可采用我国传统的肥水下塘方法进行苗种培育，也可人工投喂轮虫、鱼粉或蛋黄等。4.5 厘米后开始转入以人工饲料为主，可将粉状配合饲料用水搅拌成团状投喂，苗种长到 6～7 厘米时投喂粒径为 1.5～2.0毫米的破碎了的配合饲料。鱼种长到 12 厘米左右时可使用直径为3.5 毫米的颗粒饲料。饲料的参考配方为：鱼粉 15%、豆饼 35%、玉米粉 10%、三等粉 30%、米糠 10%。水温在 15～32℃时，每天上午、下午各投饲料 1 次，投饵量约占鱼体重的 3%～5%，水温降至 13℃以下每天投喂 1 次，投饵量占鱼体重的 1% 左右。冬季可每周喂 1～2 次。苗种培育期间要定期加注新水防止水质恶化，另外还应做好鱼病防治工作。苗种培育阶段常见的鱼病主要有小瓜虫病、孢子虫病、水霉病等，以防为主，发现鱼病及早治疗，具体防治方法见本书第六章。

鱼苗经过 120 天左右的二级饲养，10 月底规格可达到每尾 30～50 克，一般池塘亩产 250 千克左右，鱼种成活率 90％～95％，饵料系数 1.4～1.6，每亩产值 4 000 元，每亩利润 1 800～2 000 元。使用优质斑点叉尾鲴鱼种料，一般到年底可以养成 100～150 克/尾的大规格鱼种，每亩利润在 3 000 元以上。

池塘苗种培育生产实例

江西省万安县鱼种场改制后原职工郭伦洪在万安县水产局水产专家的指导下，于 2006 年承包了 10 口共 30 亩池塘进行斑点叉尾鲴鱼种培育。

鱼种放养前对池塘进行清整消毒，放养时间为 6 月下旬至 7 月上旬，放养密度为每亩 10 000 尾，规格为尾重 1.5 克，同时，每亩套养规格为体长 4～5 厘米的鲢鱼种 1 000 尾，饲养期间，全部投喂专业厂家生产的斑点叉尾鲴膨化饲料，粗蛋白质含量达 38％～40％，饲料粒径早期为 1.2 毫米，随着鱼的长大逐渐加大到 1.5 毫米、2.0 毫米和 2.5 毫米，投喂量为鱼体重的 5％左右，分早、晚两次投喂，经驯化的鱼苗听到发出的声响后上浮抢食，一般以 15 分钟吃完为宜。

为了减少鱼病的发生，主要采用了测水技术调控水质：一是定期冲水、换水；二是使用微生物制剂促进池水中有机物分解；三是适当施用生石灰调节水的 PH；四是适时开动增氧机，进行增氧；五是每半月用二氧化氯兑水全池泼洒 1 次。由于采取了上述综合措施，鱼种培育期间未发生大的病害，成活率达 88.5％，到当年 12 月 20 日起捕斑点叉尾鲴鱼种 13 963 千克，鲢 3 223 千克，总产值 26.16 万元，利润 18.8 万元。

第三节　网箱苗种安全生产技术

一、养殖条件

（一）水域选择

网箱设置的地点应选择背风向阳，水面开阔，水位稳定的水体，要求水质清新，水源无污染，水体溶解氧不低于 5 毫克/升，pH 为 7.0～8.5，水库水深最低水位不小于 4 米，水体透明度在 45 厘米以上。网箱区域不能有过多水草且不易遭洪涝灾害。

（二）网箱的设置

分级饲养是提高鱼苗成活率有效手段。具体做法是在鱼苗不同的生长时段适时更换不同规格的网箱。鱼苗不同阶段培育网箱规格分别为 1 米^3、4 米^3、20 米^3，网箱深度均为 1 米左右，网目大小分别为 0.5 厘米、1.0 厘米、1.5 厘米。

网箱由聚乙烯网片编结而成，双层结构，内部是一个封闭式无节网箱，外部是一个开口式结节网箱，上盖网为单层，内层网目为 0.5～1.5 厘米，外层网目为 2 厘米，网箱规格为 1～20 立方米，每个网箱的框架由 4 根长为 5 米的钢管扎制而成，以支撑整个网箱，用石笼结于网箱下面的四个网角，使网箱在水中充分展开成形。网箱在鱼种放养前 15 天安装下水，用 10 毫克/升碘制剂清洗后浸泡在水中，让网片附生藻类，使网片光滑，避免鱼苗进箱后网片擦伤鱼体。

二、鱼苗放养

选择全长为 3.5～4.0 厘米的苗种，放入体积为 1 米^3 的网箱，放养密度为 3 000 尾/米^3 左右，养 20～30 天后，长至 8 厘

米左右转入 4 米³ 的网箱,放养密度为 600 尾/米³ 左右,再养
40~45 天长至 12~15 厘米时再转入 20 米³ 网箱,放养密度为
500/米³ 尾左右。苗种下箱时要注意温差不能超过 2℃,若温差
过大,应先调节运输容器的水温,使其与池塘或网箱水温接近,
然后再进行种苗投放。

三、鱼苗投喂及日常管理

(一) 饲养管理

鱼苗进箱后当天晚上便可开始投喂,投喂前要进行驯化,按
照"慢、快、慢"的节奏和"少、多、少"的投喂量,每天驯化
30~40 分钟,连续驯化 10 天后,待大部分鱼苗皆可上浮抢食
时,便可进行正常投喂。网箱培育之初,用鮰开口饲料驯食,投
喂量按鱼种体重的 5%分 4 次投喂,每次投料以 15 分钟吃完为
好。饲料的粗蛋白质要达到 35%,蛋白质粉含量不低于 20%。
选择这种饲料能满足养殖苗种的日常生长要求,养殖 60 天后可
换成粗蛋白质为 32%的鱼种料投喂。

(二) 日常管理

网箱养殖苗种,日常管理至关重要。日常管理工作主要做好
以下几个的方面:①坚持巡箱。应每天坚持巡箱,定期检查鱼苗
生长情况,合理调整投喂量,认真观察、分析鱼情,发现问题及
时处理,并做好网箱养殖日志,记录每天水温、投喂、摄食、死
鱼及病害情况。②定期练网。每 10 天左右结合网箱检查时练网
一次。练网的目的是让鱼苗受惊,增加运动量,促使肌肉结实,
增加鱼苗对缺氧的耐受能力以及避免在运输鱼苗时水质污染。③
洗刷网箱。每隔 10~15 天洗刷网箱 1 次,清除残饵和附着在网
衣上的藻类使网箱内外水体能充分交换。④定期查箱。经常检查
网箱,发现破损要及时修补,避免逃鱼或凶猛鱼类入箱。⑤做好

鱼病防治工作。根据多年养殖经验，如果鱼苗突然吃食凶猛，第二天必然是天气突变，因此要控制投喂量，否则由于天气突变可能引发鱼病造成不应有的损失。

四、病害防治

斑点叉尾鮰苗种期间的鱼病防治是养殖过程中的一个重要环节，尤其在高密度养殖中更加重要，应切实做好防病治病工作，落实"无病先防、有病早治、防重于治"的指导方针。

①鱼苗进箱时要用3％～5％食盐和2毫克/升碘制剂浸泡30分钟，以杀寄生虫和细菌。入箱后 20:00 进行投喂，并在每20千克饲料添加双黄连浓缩液30克、三黄粉200克、多维30克，以减少应激反应和病菌的侵入。

②定期在养殖水体泼洒二氧化氯，用量为50克/米²，4天后泼洒芽孢杆菌。这样充分应用生物防治技术，既能全面提高养殖成活率，又能节约成本减轻劳动强度。

第五章

斑点叉尾鲴安全生产的水质调控技术

第一节　斑点叉尾鲴安全生产的水质要求

斑点叉尾鲴的原产地是水质无污染，沙质或石砾底质，流速较快的大、中型河流。经驯化也能进入咸淡水水域生活。适温范围为 0～38℃，生长摄食温度为 5.0～36.5℃，最适生长温度为 18～34℃。斑点叉尾鲴窒息点低于"四大家鱼"，耐低氧能力相对较差，易"浮头"或"泛塘"，溶解氧应经常保持在每千克水体 4 毫克以上，溶解氧低于每千克水体 0.8 毫克时开始浮头。正常生长的 PH 范围为 6.5～8.9，适宜透明度为 40 厘米左右。养殖斑点叉尾鲴的水体，要求水质清新，水深不低于 2 米，pH 稳定在 7.0～8.5 范围内，氨氮含量在每千克水体 0.05 毫克以下，亚硝酸氮在每千克水体 0.1 毫克以下，无工业污水排入。对于采用网箱养殖的湖泊、水库来说，应有一定的微流水，水深 4 米以上，网箱底部可留出一定的空隙，底部平坦，有一定的风浪又不宜太大。

第二节　如何判断水质

大多数渔民没有水质分析仪器，他们判断水质好坏主要是根据水的颜色。池水颜色是由水中的溶解物质、悬浮颗粒、浮游生物、天空和池底色彩反射等因素综合造成的。如富含钙、铁、镁盐的水呈黄绿色，富含溶解腐殖质的水呈褐色，含泥沙多的水呈上黄色而且混浊等。但鱼池的水色主要是由池水中繁殖的浮游生物所造成。由于各类浮游生物细胞内含有不同色素，当浮游生物繁殖的种类和数量不同时，便使池水呈现不同的颜色。

在养鱼生产过程中，很重要的一项日常管理工作就是观察池塘水色及其变化，以大致了解浮游生物的分布情况，据此判断水质的肥瘦与好坏，从而采取相应的管理措施。一般来说，根据池塘水色划分水质有以下几种类型：

一、瘦水

瘦水（彩图 17）水质清淡，呈浅绿色，透明度可达 60～70 厘米以上（适合于养鱼的水透明度为 30～40 厘米），浮游生物数量少，水中往往生长有丝状藻类（如水绵、刚毛藻）和水生微管束植物。

二、较肥水

较肥水（彩图 18）一般呈草绿色，混浊度大，水中多数是鱼类半消化及易消化的浮游植物。

三、肥水

呈黄褐色或油绿色，混浊度较小，透明度适中，一般为25～40 厘米，水中浮游生物数量较多，鱼类容易消化的种类较多，如硅藻、隐藻和金藻等。浮游动物以轮虫较多，有时枝角类也较多。肥水按其水色可分两种类型：

（1）褐色水　包括黄褐色（彩图 19）、红褐色、褐色带绿色等，优势种类多为硅藻，有隐藻大量繁殖也呈褐色，同时有较多的微细浮游植物，如绿球藻、栅藻等，这种情况也多呈褐带绿色。

（2）绿色水　包括油绿色、黄绿色（彩图20）、绿色带褐色等，优势种类多为绿藻（如绿球藻、栅藻等）和隐藻，有时有较多的硅藻。

四、"水华"水

"水华"水（彩图21）是在肥水的基础上进一步发展而形成的，浮游生物数量多，池水往往呈蓝绿色或绿色带状或云块状"水华"。根据对有关鱼池观察，这种水中多为蓝绿色的裸甲藻，并有较多隐藻。裸甲藻喜光且群集，因而形成"水华"，此时池水透明度低，为20~30厘米。当藻类极度繁殖，遇天气不正常时容易发生藻类大批死亡，使水质突变，水色发黑，继而转清、发臭，成为"臭清水"，这种现象群众称为"转水"或"水变"。这时池中溶解氧被大量消耗，往往引起池塘鱼窒息而大批死亡。

适合养鱼的肥水应具备"肥、活、嫩、爽"的表现，这样的概括较之单纯看水色要全面得多。近年的研究表明，这四个字各有其确定的生物学内容。

（1）"肥"　就是浮游生物多，易消化种类的数量多。渔农常用水的透明度大小来衡量水的肥度，或一人站在上风头的池埂上能看到浅滩13~16厘米水底的贝壳等物为度；或以手臂深入水中16~20厘米处弯曲手腕时五指若隐若现作为肥度适当的指标，这样的肥度相当于25~35厘米的透明度和20~50毫克/升的浮游植物量。

（2）"活"　就是水色不死滞，随光照和时间不同而常有变化，这是浮游生物处于繁殖盛期的表现。渔农所谓"早青晚绿"或"早红晚绿"以及"半塘红半塘绿"等都是这个意思。有的渔农特别强调活，认为什么水色关系不大，"活"的就是好水。观察表明，典型的"活水"是膝口藻"水华"。这种鞭毛藻类的游动较快，有显著的趋光性。白天常随光照强度的变化而产生垂直或水平的游动，清晨上、下水层分布均匀，日出后逐渐向表层集中，中午前后大部分集中在表层，以后又逐渐下沉分散，9:00时和13:00时的透明度可相差几厘米。当这种藻类群聚于鱼池的某一边或一隅时，就出现所谓"半塘红半塘绿"的情况。

（3）"嫩"　就是水色鲜嫩不老，也就是水中易消化的浮游植物多，细胞未衰老的反映。如果蓝藻等难消化的种类大量繁殖，水色呈灰蓝色或蓝绿色或浮游植物细胞衰老，均会减低水的鲜嫩度，变成"老水"。所谓"老水"主要有两种征象：一是水色发黄或发褐；二是水色发白。水色发白或发褐的情况就是前面已指出的藻类细胞老化现象，广东渔农所谓的"老茶水（黄褐色）"和"黄蜡水（枯黄带绿）"也属此类。水色隐约发白的水中，主要是蓝藻，特别是那些极小型蓝藻滋生的一种征象。这种水的特点是 pH 很高（9～10 以上）和透明度很低（通常低于20～25 厘米），白天随着浊白程度的加强，碱度迅速下降。由此可见，水色发白是二氧化碳缺乏而使碳酸氢盐不断形成碳酸盐的结果。与此同时，pH 的升高促进了蓝藻的增长。金藻、硅藻、隐藻和甲藻的水华几乎都是褐色、褐绿色或褐青色，而蓝藻、绿藻和裸藻的水华就不仅仅呈绿色和蓝绿色，特别是蓝藻几乎在各种水色中都可能占有较大的数量。所以，一般认为红褐色、褐绿色、褐青（墨绿）色的水都较好。

（4）"爽"　就是水质清爽，水面无浮膜，混浊度较小，透明度一般为20～25 厘米，水中溶解氧较高。透明度很低的原因或是浮游生物量极高，或是蓝藻占优势（集中表层），或是泥沙和其他悬浮物过多。难以利用的悬浮质粒过多对鱼的滤食不利，易利用的浮游生物量过大也不是好的标志。因为在密养池塘中，由于鱼类的大量滤食，浮游生物不易长期保持很高的密度，过大的生物量常常是天然饵料未被充分利用，水中物质循环不良的缘故。

总之，根据对"肥、活、嫩、爽"的生物学分析，可以看出渔农在长期生产实践中认识到的养鱼最适生物指标应是：①浮游植物量在 20~100 毫克/升；②隐藻等鞭毛藻类较多，蓝藻较少；③藻类种群处于生长期，细胞未变老化；④浮游生物以外的其他悬浮物不多。

对出现"水华"水的鱼池，要随时注意水质的变化状况，经常加注新水或开动增氧机增氧，以防止水质恶化。但"水华"水中鲢、鳙生长较快，如果保持较长时间的"水华"水，而又不使水质恶化，可提高鲢、鳙的产量。

第三节　如何调节水质

我国的水产养殖业，养殖水体既是养殖对象的生活场所，也是粪便、残饵等的分解容器，还是浮游生物的培育池。这种"三池合一"的养殖方式，容易造成"消费者、分解者和生产者"之间的生态失衡，造成水中有机物和有毒有害物质大量富积。这不仅严重影响养殖动物的生存和生长，而且成为天然水域环境的主要污染源之一。因此，如何保持水环境的生态平衡，是水产养殖优质、高效的关键技术。渔谚有："养好一池鱼，首先要管好一池水"，是十分恰当的比喻。

一、物理方法调节水质

（一）注水换水调节水质

在高密度养殖情况下，鱼塘中残饵、污物较多，厌氧发酵产生氨氮、硫化氢等有害物质，使水体恶化，尤其是夏天高温季节，水质变化更快，因此定期注水是调节水质最常用的也是最经济适用的方法之一。一般每 7～10 天加注新水 1 次，每次加水 15～20 厘米。在池水恶化比较严重时，宜采用换水措施，保持良好的水质条件。以养鲢、鳙为主的池塘，水色应保持草绿色或茶褐色，透明度为 20～30 厘米；以养草鱼、鲤为主的池塘，水色较养鲢、鳙池塘水色淡些，每 7～10 天应灌新水 1 次，每次宜提高水位 15～20 厘米。一般前期少注水，中、后期勤注水，保持水质"肥、活、嫩、爽"。适当使用磷肥，促进浮游生物的生长。在夏季可加强注水、换水工作，每次注水 10～20 厘米，如水质过肥，可先排去部分池水，然后注水。夏季时鱼塘应尽量保持最高水位。

适时加注新水。6～9 月是鱼类摄食生长旺季，每 7～10 天加注 1 次新水，每次加水 20 厘米左右（具体加水量视水的肥度、鱼群"浮头"和池塘渗漏等情况灵活掌握）。发生"泛塘"或坏水时应紧急大量注水或换水，以马上改善水质。新水能带进氧气和老水中缺乏的某些营养盐，冲淡水中有机质的浓度（包括生物代谢产生的有毒物质），消除组成坏水的浮游生物种群及其水质条件。

（二）使用增氧机调节水质

斑点叉尾鮰最适生长水温为 18～34℃。温度升高，大气压力降低，溶解氧均下降；同时，在这个温度区间，鱼的活动量较大，新陈代谢旺盛，耗氧率也较高；此外，在这个温度区间，池水中的粪便、淤泥等有机质分解速度很快，也需消耗大量的氧，若缺氧时便会因分解不完全而产生氨、氮、硫化氢等有害物质，直接毒害鱼类。特别是夏季雷雨天，水温高，大气压力低，水的溶解氧下降。同时有机质及鱼类的耗氧率皆升高，如无外界增氧措施，便极易造成"泛塘"死鱼。因此，池水中的溶解氧是限制传统养鱼产量的主要因素。

增氧机不仅可以增加水中的溶解氧，使鱼类在最佳的溶解氧下快速生长，而且也能降低饲料系数。另外，溶解氧高时好氧腐败细菌活动强烈，有机质分解快而彻底，浮游植物所需的营养盐补充快，生长旺盛，池水中的有毒物——氨也能很快被硝化变成硝酸盐被吸收，从而给滤食性鱼类提供了更丰富的浮游生物，达到池塘水面高产活鱼的目的。

增氧机分为叶轮式（彩图22）、水车式（彩图23）、射流式（彩图24）和喷水式（彩图25）等多种。根据不同形式增氧机的特点和池塘生态学原理，合理购置和正确使用增氧机，才能更好地发挥其增氧、救鱼的关键作用。

叶轮式和射流式增氧机不但可以进行直接的机械增氧，而且还可搅动上、下水层，促进上、下水体对流，使淤泥中贮存的营养元素释放和有害物质氧化、分解，扩大浮游植物光合增氧作用。因此，这两种增氧机既是救鱼机，又是丰产机。

喷水式和水车式增氧机主要作用是直接的机械增氧，而搅动上、下水层的作用较小。所以，当池塘整个水体缺氧，鱼类出现"浮头"或严重"浮头"甚至"泛塘"死鱼时，开机可以充分发挥增氧作用，保障鱼类安全；如果在高温季节，昼夜温差小，水体分层现象明显，表层氧通常过饱和，然而与此同时下层水体缺氧，若此时开机，不但不能增氧，还加重表层过饱和氧逸出水面。所以，这两种增氧机只是救鱼机。

故此，为了正确使用增氧机，当预测池水将可能缺氧，鱼类有严重"浮头"和"泛塘"危险，或正在严重"浮头"，已经开始"泛塘"死鱼时，所有不同形式的增氧机，都应及时提前开机，防止严重"浮头"和"泛塘"，或不断开机救鱼。当平时水质较好，天气正常，鱼没有严重浮头和泛塘危险，但水底层缺氧甚至无氧，并随时间推移，不断加重其程度时，为了改善池塘水环境，促进水体上、下对流，提高整个水体溶解氧，平时也要用好叶轮式和射流式增氧机，即高温季节晴天每天中午或下午开机2～3小时。这样，当天气剧烈变化时，池鱼也能安然无恙。

此外，所有的增氧机，傍晚都不开机；鱼出现"浮头"，下半夜或凌晨都要开机；长期阴雨，池水总体溶解氧降低，上午或下午都应有一定的时间开机增氧，特别是鱼的放养密度较大，或者池塘载鱼量过大，更应这样。在这种情况下，即使是良好的天气和水质，每天下半夜也应有一定时间开机增氧，以适应整个池塘水体、淤泥和鱼类对氧的消耗。

（三）定期搅动塘底

搅动塘底的目的是翻松底泥，使上、下水层交流混合，促进池底有机质的分解，释放出底泥中沉积、吸附的营养盐和微量元素，这对防止水质老化、改良浮游生物组成及其生长繁殖都有显著效果，对受条件限制不能适时加水、池底沉积有机质较多的池塘尤为重要。具体操作方法如下：①人下池用长柄耙子或直接用脚搅动。②在岸上像拉网一样拖绳索翻动。对于混养底层鱼的鱼塘，每1～2周要进行一次搅动或翻动，并注意选择在天气晴朗和有风时进行，以免造成"泛塘"。

二、化学方法调节水质

（一）使用化学消毒剂调节水质

消毒剂和一些生物活水剂也是普遍应用的改善水质的方法，特别是水资源比较贫乏的地区或水源不很理想时采用。目前国内外公认的最好"消毒剂"仍然是生石灰，既具有水质改良作用，又具一定的杀菌消毒功效，而且，价廉物美。每亩水面水深1米，施放15～20千克即有良好的效果。

1. 使用生石灰调节水质

（1）注意池塘对象　一般精养鱼池，鱼类摄食生长旺盛，经常泼洒生石灰效果较好；新挖鱼池因无底淤，缓冲能力弱，有机物不足，不宜施用生石灰，否则会使有限的有机物加剧分解，肥力进一步下降，更难培肥水质；对于水体 pH 较低的池塘，要泼洒生石灰加以调节；水体 pH 较高，钙离子过量的池塘，则不宜再施用生石灰，否则会使水中有效磷浓度降低，造成水体缺磷，影响浮游植物的正常生长。

（2）注意使用剂量　用于改良水质或预防鱼病时，生石灰的用量为每亩水面每米水深 13~15 千克，治疗鱼病时用量为 15~20 千克，但对于鲫出血病的治疗，每亩水面每米水深要用 25~30 千克，因为用量少了反而会激活毒素加重病情。用药后要观察鱼的反应，以防剂量太大水质陡变造成死鱼。另外，对于淤泥较厚、水色较浓的池塘，要增加 10%~20% 的用量；对于水色较淡、浮游植物较少的瘦水，每亩水面每米水深用量只能在 10 千克以下。

（3）注意泼洒时间　生石灰应现配现用，以防沉淀减效。全池泼洒以晴天 15：00 之后为宜，因为上午水温不稳定，中午水温过高，水温升高会使药性增加。夏季水温在 30℃ 以上时，对于池深不足 1 米的小塘，全池泼洒生石灰要慎重，若遇天气突变，很容易造成池水剧变死鱼。同样，闷热，雷阵雨天气不宜全池泼洒生石灰，否则会造成翌日凌晨缺氧，并导致"泛塘"现象的发生。

（4）注意配伍禁忌　生石灰是碱性药物，不宜与酸性的漂白粉或含氯消毒剂同时使用，否则会产生颉颃作用降低药效。具体包括：①生石灰不能与敌百虫同时使用，防止敌百虫遇碱水解生成敌敌畏增大毒性。②生石灰不能与化肥同时使用，或与铵态氮肥同时使用，在 pH 较高的情况下，总氨中非离子氨的比例增加，容易引起鱼类的氨中毒。③生石灰若与磷肥同时使用，活性磷在 pH 较高的含钙水中，很容易生成难溶羟基磷灰石，使磷肥起不到作用。生石灰若与以上药物、化肥连续使用，要有 5 天以上的间隔期。

2. 使用二氧化氯调节水质　二氧化氯（彩图 26）是国际公

认的一种高效消毒剂，可穿透细胞壁，有效氧化细胞内含巯基的酶，并快速抑制生物蛋白的合成，因而其对水体微生物有很强的破坏与杀灭作用。它还是一种强氧化剂，能有效降解水体中有机物，且不产生氯反应，是水产养殖中的首选药物。

二氧化氯及其水溶液很不稳定，在受热和紫外光照射下会发生缓慢分解，因此生产上常将其制成粉状或液态状两种形态。这里主要介绍稳定性粉状二氧化氯在水质调控中的应用。

（1）灭藻　蓝藻是水产养殖中的常见藻类，适量的蓝藻可起到稳定藻相、维持微生物平衡以及提供饵料等作用。但其大量繁殖（主要指微囊藻）往往会形成水华，严重影响水中溶解氧的含量，且死亡藻类分解后会产生羟氨等有害物质。目前比较常用的方法是施用硫酸铜或铬化合铜，虽然其杀藻效果明显，但毒副作用也较强，且短时间内大批量藻类的死亡易导致池塘缺氧，发生"泛塘"、中毒现象。一般采用的方法是发生藻类过度繁殖的池塘中，视情况连续施用稳定性二氧化氯，每千克水体 0.5～1.0 毫克，连用 2～3 次，再施用一定量的水质改良剂，如 EM 原露、沸石粉等。

（2）灭菌　二氧化氯作为一种高效广谱消毒剂，对一切经过水体传播的病原微生物均有很好的杀灭作用，且不易产生抗药性，每千克水体 0.5 毫克的二氧化氯 5 分钟后即可杀灭 99% 以上的异氧菌，因此，二氧化氯比较适合底质老化、池水透明度低的池塘杀菌消毒。这种池塘一般有机质含量比较高，普通的氯制剂很难达到理想的效果，且易与有机质发生化合反应，产生有致癌作用的三卤甲烷。

二氧化氯还可运用在动物饲料方面的消毒。江苏地区多数河蟹养殖者以冰冻的野杂鱼投喂，这种饵料虽然蛋白质含量较高，却极易败坏水质。在投喂前采用每千克水体 2～3 毫克的二氧化氯进行浸泡，可有较杀灭鱼体病原菌，减少水体中油膜的产生。

（3）抗应激　在暴风雨后，水产养殖动物往往会出现一些不适应症状，如游塘、停食、活动能力差等现象，这其实是水产动物的一种应激反应。这主要是暴风雨将外来病原菌带入池塘中，以及暴风使得池塘产生对流现象，池塘病原生物滋生繁殖所致，养殖池拉网行为也会导致这种情况出现。此时，可以在暴风雨后的第二天或者拉网后的第二天施用一定量的二氧化氯，同时配合内服一些抗应激药物，如维生素 C 等，一般隔天后能取得明显效果。

（4）剥泥 水草是河蟹养殖过程中必不可少的遮阴物和攀爬物，但在实际生产过程中很多养殖池塘中的水草都会出现"污垢"，这在很大程度上影响了水的透明度以及草类的生长。二氧化氯的强氧化作用可有效解决这一问题，其与有机物、无机物反应有很强的选择性，能有效破坏水体中的微量有机物，如氯仿、四氯化碳、酚、氯酚、氰化物、硫化氢及有机硫化物等，氧化时不产生有机卤化物，可很好地去除污泥，达到净化水质的目的。

（5）降氮 活化后的二氧化氯在氢离子的作用下能够产生具有强氧化作用的新生态氧，能够迅速附着在微生物细胞表面，渗入微生物的细胞膜，与微生物蛋白质中的氨基酸产生氧化分解反应，一定程度上阻碍了氮的硝化；同时，这种强氧化氯可以作为一些降氮剂的辅剂，如二氧化氯可作为亚硝酸盐降解剂的辅剂。

3. 其他药物净化水质 向池塘中施入某些药物，可起到调节水中浮游生物数量和组成、调节 pH、增氧、净化水质的作用。如池水中浮游生物过多，可用敌百虫杀灭，使池水含药量为 0.3～0.5 毫克/升；如蓝藻过多，可用硫酸铜抑制，使池水含药量为 0.7 毫克/升。

（二）使用化学增氧剂调节水质

使用化学增氧剂调节水质是利用化学增氧剂在水中发生化学反应产生氧气进行增氧。现在最常用的药剂是过氧化钙（CaO_2）。过氧化钙（彩图 27）在水中反应可以连续很久地释放氧气：

$$2CaO_2 + 2H_2O \rightarrow 2Ca(OH)_2 + O_2\uparrow$$

从反应式可以看出，使用过氧化钙，不但可以增加池塘中的溶解氧，而且产生的氢氧化钙能杀死水体中一些有害生物和病原体，改良池塘水质，提高酸性池塘的 pH，同时钙离子本身就是绿色植物及动物不可缺少的营养元素。初次使用，其用量为20～40 千克/亩。

化学增氧试剂在池塘养殖中的用途主要有 5 个方面：

①提供充分的溶解氧，在"浮头"或停电时还可作为急救增氧之用；②防止厌氧菌繁殖，杀灭致病细菌，达到澄清水体的作用；③调节水中的 pH；④降低氨和氮在水中的含量；⑤除去二氧化碳和硫化氢。

除过氧化钙外，常用的化学增氧剂还有过二硫酸铵 $[(NH_4)_2S_2O_3]$、过碳酸钠（$2Na_2CO_3 \cdot 3H_2O_2$）等，夏季使用较多。

三、生物方法调节水质

（一）使用微生态制剂调节水质

采用微生态制剂改良水质是符合当今渔业发展方向的生物防治方法。微生态制剂又称"有益微生物"等，常见的主要由枯草芽孢杆菌、硝化菌和反硝化菌、酵母菌、乳酸菌、光合细菌（PBS）等菌株组成。微生态制剂作为一种生态调节剂，治理养殖水环境可以明显改善水质、抑制有害微生物繁殖，迅速降解有机物，增加水中溶解氧。降低 $NH_3 - N$ 和 $NO_2 - N$，还能为以单细胞藻类为主的浮游植物的繁殖提供营养物质，促进藻类为主的浮游植物繁殖。这些浮游植物的光合作用，又为池底底栖动物和养殖水产动物的呼吸，尤其是有机物的分解提高氧气，从而形成良性生态循环，保持生态平衡，有利于防治疾病，促进水生动物迅速生长，同时具有成本低、收效大、无二次污染等优点。微生态制剂除了能预防水产疾病，作为饵料添加剂等使用外，还可用来净化养殖废水，因此它在水产业中应用前景广，潜力大，具有广泛的经济效益和社会效益。

1. 光合细菌 目前微生态制剂中应用最广泛的是光合细菌（彩图28）。光合细菌能将光能转化为生物代谢活动能量的原核微生物，也称为光能营养细菌。包括蓝细菌、紫细菌、绿细菌和盐细菌。光合细菌属于独立营养微生物，菌体本身含60％以上的蛋白质，且富含多种维生素，还含有辅酶Q10、抗病毒物质和促生长因子。光合细菌由于具有多种不同的生理功能，如固氮、脱氢、固碳、硫化物、氧化等作用，它会把水体中的有毒物质作为基质加以利用，如它能将嫌气细菌所分解出来的氨态氮、亚硝酸吸收利用，同时也吸收二氧化碳及有毒的硫化氢等，促进有机物的循环，使水体中的氨氮、亚硝酸盐含量显著降低，水质得到净化，从而使病原菌难以发展。另外，由于光合细菌生长繁殖时，不需要氧气，也不释放氧气，它是通过吸收水体中的耗氧因子，如前面提到的吸收利用有机物质或硫化氢等物质，从而使耗氧的厌氧微生物因缺乏营养而转为弱势，因而降低底质之生物需氧量，使氧化层增长，氧化单位也可提高，起到间接增加氧气的作用，底质及水质因而被净化，这种作用也是非常明显的。另外，使用光合细菌等生物制剂的池塘水体透明度要好于未使用的组，使用后水体也由混浊逐渐变得清澈，从而使光透入水的深度增加，浮游植物光合作用的水层增大，产氧能力提高。因此施用光合细菌可以在大幅度减少换水的情况下保持溶解氧和水质，完全代替了增氧机过多而消耗电量，防止了鱼的"浮头"和"泛塘"。同时，在养殖水体中施用光合细菌还可以降低水体的化学耗氧量（COD），稳定水体的pH等，达到多方面净化水质的目的。王怡平（1999）等将固定光合细菌用于中华绒螯蟹的人工育苗中，当其质量分数为（1.5～2.5）×10^9个/毫升时，氨氮和亚硝基氮的去除率在 90% 左右，水体中的化学需氧量明显下降，并且蟹苗的成活率也比未使用的组提高了 15.7%。在饲养中华绒螯蟹的池塘内施用光合细菌，放蟹种 750 只/100 平方米，每 15~20 天施用一次光合细菌，整个养殖周期未施用任何水产用兽药，池塘保持水质清新、底质良好，且未发生病害。

总之，使用光合细菌可以起到改善水质环境，减少换水次数，减轻养殖污染，降低养殖成本的作用。

2. 硝化细菌　硝化细菌（彩图 29）是亚硝化细菌和硝化细菌的统称，属于自养性细菌的一类。亚硝化细菌将水体中的氨氮转化为亚硝酸氮，硝化细菌能将亚硝酸盐氧化为对水产养殖动物无害的硝酸氮。硝化细菌主要与其他细菌一起制成复合微生态制剂。用硝化细菌和反硝化细菌处理泥鳅的养殖废水，24 小时后，化学需氧量下降 80.6%，亚硝基氮的去除率达 90.2%，氨氮的去除率达 98.5%。

总之，在水环境中，硝化细菌可将由腐生菌和固氮菌分解或合成的氨或氨基酸转化为硝酸盐和亚硝酸盐，使水体和底泥中的有毒成分转化为无毒成分，净化水质。成鱼、虾、蟹池每次施用硝化细菌用量为每千克水体 2~5 毫克。

3. 乳酸菌群　乳酸菌指发酵糖类主要产物为乳酸的一类无芽孢、革兰氏染色阳性细菌的总称。它靠摄取光合细菌、酵母菌产生的糖类形成乳酸。乳酸菌是一种能使糖类发酵产生乳酸的细菌，乳酸具有很强的杀菌能力，能抑制有害微生物的活动、致病菌的增殖、有机物的腐败。乳酸菌可以分解在常温下不易分解的木质素和纤维素，使有机物发酵转化成对动、植物有效的养分。

4. 酵母菌群　酵母菌是一些单细胞真菌，并非系统演化分类的单元。酵母菌是人类文明史中被应用得最早的微生物。目前已知有 1 000 多种酵母，根据酵母菌产生孢子（子囊孢子和担孢子）的能力，可将酵母分成三类：形成孢子的株系属于子囊菌和担子菌。不形成孢子但主要通过芽殖来繁殖的称为不完全真菌，或者叫"假酵母"。酵母菌含有较高的氨基酸、维生素等营养成分。在有氧条件下，酵母菌可将溶于水的糖类转化为二氧化碳和水。在缺氧的条件下，酵母菌可利用糖类作为碳源进行发酵和繁殖酵母菌体。所以，酵母菌能有效分解溶于池水中的糖类，迅速降低水体中的生物耗氧量。酵母菌能为乳酸菌、放线菌等提供增殖基质，为动物提供单细胞蛋白。

吴伟等（2000）在试验中利用假丝酵母处理水体中的亚硝基氮时，亚硝基氮的降解速率达 0.036 毫克/（升·小时），并发现水体中亚硝基氮的含量、化学需氧量及钙与镁的比例对其降解率有影响。

5. 革兰阳性放线菌群 革兰阳性放线菌属好气性菌群。它从光合细菌中获取氨基酸、氮素等作为基质，产生出各种抗生物质、维生素及酶，可以直接抑制病原菌，促进有益微生物增殖。它提前获取有害霉菌和细菌增殖所需要的基质，从而抑制它们的增殖，并创造出其他有益微生物增殖的生存环境。放线菌和光合细菌混合后使用效果更好，净菌作用比放线菌单兵作战的杀伤力要大得多。它对难分解的物质，如木质素、纤维素、甲壳素等具有降解作用，并容易被动、植物吸收，可增强动、植物对各种病害的抵抗力和免疫力。放线菌也会促进固氮菌和 VA 菌根菌增殖。

吴伟等（2000）在试验中利用诺卡菌处理养殖水体中的氨氮时，取得了良好的效果，氨氮的最大去除率达到 3.5 毫克/（升·小时）。

6. 反硝化细菌 反硝化细菌由具有反硝化作用的微生物种群组成，主要是把硝酸盐或亚硝酸盐转变成氮气而释放出来，多用于处理底泥。在养殖池底层溶解氧低于每千克水体 0.5 毫克、pH 8~9 的条件下，反硝化细菌能利用有机物中的底泥作为碳源，将底泥中的硝酸盐转化为无害的氮气排入大气中。反硝化过程能大量消耗池塘底层的发酵产物和沉积于底层的有机物，使底层污泥中有机物和硝酸盐的含量迅速减少,有效防止气候突变引起的水质剧变。

7. 芽孢杆菌 芽孢杆菌为革兰阳性菌,是普遍存在的一类好氧性细菌。该类菌能以内孢子的形式存在于水产养殖动物的肠道内并分泌活性很强的蛋白酶、脂肪酶、淀粉酶,可有效提高饲料的利用率,促进水产养殖动物生长;它也可以通过消灭或减少致病菌来改善水质。芽孢杆菌还可以分解并吸收水体及底泥中的蛋白质、淀粉、脂肪等有机物以改善水质和底质。

刘克琳等(2000)用芽孢杆菌的添加量为 $1×10^7$ 个/克的饲料对鲤进行生长及免疫功能试验,结果试验组的体重增长比对照组提高 11.8%,饲料系数下降 0.24;试验组鲤鱼的免疫器官——胸腺、脾脏生长迅速,T 淋巴细胞、B 淋巴细胞成熟快、数量增多,产生的抗体增多,免疫功能增强,肠黏膜也出现有利于增重、防病和治病的生理变化。李卓佳等(2007)利用以芽孢杆菌为主导菌的微生物复合制剂进行养鱼池有机污泥的分解试验,有益菌的质量分数为 $(1.5\sim4.5)×10^6$ 个/升,1 个月后,池底原有厚 3~5 厘米的有机污泥被分解,鱼类的生长明显加快。

8. 硫化细菌 硫化细菌氧化还原态硫化物(H_2S、$S_2O_2^{-3}$)或硫元素为硫酸,菌体内无硫颗粒,专性化能自养。硫化细菌广泛分布于池塘底泥和水体中,其氧化作用提供了水生植物可利用的硫酸态的硫元素,降低池内硫、硫化氢的含量。

9. 活性氧 活性氧适用于池中氨态氮、亚硝酸态氮、硫化氢等有害物质含量高的池塘,虾的高位池,鳗、甲鱼等鱼类的高密度健康养殖,鱼虾"浮头",水色差的池塘,鱼虾苗种和长途运输、捕捞、分塘时鱼虾死亡的预防。活性氧施于水中能促进鱼虾生长,改善池水底质,提高越冬棚养殖存活率;添加于饲料中投喂,能减少鱼虾肠内腐生菌,维持肠道健康,并可直接杀死及抑制病原菌生长,增加有益菌数,从而加快鱼虾对饲料营养物质的吸收和利用。水深为 1 米,每亩施活性氧 5~6 千克,水质恶化时增加到 8 千克。

由上可见，各类微生物都各自发挥着重要作用，其中光合细菌和嗜酸性乳杆菌为主导，其合成能力支撑着其他微生物的活动，同时也利用其他微生物产生的物质，形成共生互利的关系，保证 EM 菌状态稳定，功能齐全，发挥出集团军作战的强大能量。EM 菌的主要功能是造就良性生态，只要施用恰当，它就会与所到之处的良性力量迅速结合，产生抗氧化物质，清除氧化物质，消除腐败，抑制病原菌，形成适于动、植物生长的良好环境。同时，它还产生大量易为动、植物吸收的有益物质，如氨基酸、有机酸、多糖类、各种维生素、各种生化酶、促生长因子、抗生素和抗病毒物质等，提高动、植物的免疫功能，促进健康生长。

要特别注意：生物活性水质改良剂不能与抗生素或消毒剂混用，使用后 3 天内不要换水或少量换水。阴雨天不要使用光合细菌。

（二）栽种沉水植物调节水质

池塘养殖生态系是一种人工生态系统，其特点是水体面积小、深度浅，水交换量较低，而养殖密度又较高，且一般通过大量投饵来提高鱼产量。这样，鱼体排泄物和多余残饵的沉积与分解，往往会使池塘底泥和水体中的营养盐和有机物浓度升高，透明度下降，从而引起了一系列问题如化学耗氧量（COD）升高，水体溶解氧（DO）和 pH 降低，有毒有害物质（如 $NH_3—N$ 和 $NO_2—N$）在水体中大量积累，导致水质恶化，危及养殖动物的生存和生长。因此，如何减轻池塘养殖水体的自身污染，已成为水产养殖业关注与研究的热点。近年来，人们开始尝试在池塘中栽植沉水植物，实施鱼草共生，通过植物的净化作用来改良水质。

1. 沉水植物的生长特性　沉水植物是指植物体全部或大部

分生活在水面下的大型水生植物。它们的根系有两种生长方式：一种是扎根在水底泥土里；另一种是在刚生长时，把根扎在水底泥土里，而植株长大后，由于受到外力的冲击，在茎上折断而独立生活，此时这些植物无根，或者在茎上生出细长的不定根。

为适应水中生活，沉水植物的茎、叶和表皮都与根一样具有吸收作用，且皮层细胞含有叶绿素，能进行光合作用。这种结构对水体中营养盐类的吸收降解及对重金属元素的浓缩富集都有很强的作用。因此，沉水植物可以有效地吸收与利用水中的营养物质，降解人工合成物质和有害物质等。沉水植物体内的营养库使它们更能适应营养盐波动的水体环境：当生活在营养盐不足的环境中时，植物体内的氮库仍可较长时间维持它们的生长；当介质营养盐含量较高时，即使光照不足，沉水植物也会吸收超过自身需要的营养盐，从而充实内部营养库以各快速生长时利用。此外，沉水植物的通气组织特别发达，有利于在水中空气极度缺乏的情况下进行气体交换。相对于其他生态类型的水生植物，沉水植物在浅型自然水体中分布范围更广，生物量往往占绝对优势，因而更容易在水体中形成优势种群。

2. 沉水植物对养殖水体的水质改良机理　沉水植物对养殖水体的水质改良机制主要包括以下两个方面：一是沉水植物直接或间接地吸收和转化了水中的无机盐；二是沉水植物增加了水生态系统的空间生态位，提高了系统的生物多样性，从而使得水体环境相对稳定。

在四种生态类型的水生植物中，沉水植物具有较强的净化能力。为了适应水中生活，沉水植物的根、茎和叶都具有吸收功能，能明显去除水体中的氮、磷等营养物质，有助于缓解养殖系统中因饵料输入和鱼类代谢造成的营养负荷，并抑制藻类的过量生长。沉水植物能在水中进行光合作用，产生大量氧气，提高水体 pH，可缓和因鱼类和细菌代谢消耗造成的水体溶解氧和 pH 降低。沉水植物较浮叶植物更能有效地提高水体的氧化程度。与相邻的裸地相比，草密区的日溶解氧变幅是裸地的两倍多；根际氧化区的形成减少了底质磷通过形成铁-磷结合物的方式从底质流失到水层中。沉水植物还能有效抑制底泥中的总氮、总磷、硝态氮和氨态氮向水体中释放，且效果比漂浮植物好。这可能因为沉水植物不仅能通过茎叶吸收从底泥释放到水中的营养盐，而且还能通过根系直接吸收底泥中的营养盐。沉水植物主要是通过根系吸收底质中的氮、磷，然后分配到枝条，最后通过植物的活体释放或死亡腐烂释放到水体中。因而，可采取定期刈割植株的方式来减少水体及底泥中氮、磷的含量。

同时，作为生物环境，沉水植物通过有效增加水生态系统的空间生态位，抑制生物性和非生物性悬浮物，改善水下光照和溶解氧条件，为形成复杂的食物链提供了食物、场所和其他必需条件，是水体生物多样性赖以维持的基础。研究发现，在鱼草共生系统水体中有大量的多种类型的变形虫和草履虫，这些原生动物通过吞噬或滤食有机碎屑使养殖水体中悬浮物减少。沉水植物的衰败与消亡，将导致水体中与水草相克的浮游藻类大量繁殖，使浮游动物、底栖动物乃至鱼类等水生动物群落结构趋于简单化、小型化，使得系统的生物多样性指数降低。

因此，在养殖池塘中栽植沉水植物，不仅能调节池塘水生态系统的物质循环速度，抑制水体富营养化，控制藻类生长，提高透明度，改善水体溶解氧状态，而且，还有助于提高池塘生态系统的生物多样性，增强养殖水体环境的稳定性。利用养殖过程中营养盐的输入来补充因沉水植物生长消耗的营养物质，当养殖对象和沉水植物的放养密度搭配适宜时，池塘生态系统的物质输入和输出可以保持较长时间的平衡。

3. 适宜在养鱼水域中栽培的沉水植物主要品种

（1）伊乐藻 伊乐藻（彩图 30）原产于美洲，于 20 世纪 90 年代由中国科学院地理与湖泊研究（南京）所从日本引进我国，是种优质、速生、高产的沉水植物。适应性强，气温在 5℃以上即可生长，产量高，秋冬季或早春栽种 1 千克伊乐藻营养草茎，当年可产鲜草 300 吨左右，被称为沉水植物骄子。伊乐藻对养鱼污水中的 N、P 等物质有较好的净化效果。

（2）苦草　苦草（彩图 31）俗称扁担草、鸭舌草，多年生沉水植物。易种植，产量高，在养蟹水域中被称为水下森林。苦草是鱼、虾、蟹喜食和净化水质、改良底质的优良天然水生植物，有性繁殖在生活史中占重要地位，其种子易采集、保存。苦草能分泌生化抑制物质，抑制斜生栅藻和羊角月牙藻的生长，抑制作用的大小与苦草的生物量和种植水浓度有关；苦草等沉水植物能显著降低水体总氮、总磷含量；苦草在不同温度下都具有较低的光补偿点，因而在各个湖区都有较大面积的分布，而且在光照极差的深水区也有一定分布；苦草的耐碱性水体能力强，在较高 pH 水体中，仍有较强的光合作用产氧能力。

（3）轮叶黑藻　轮叶黑藻（彩图 32）又名针丝，多年生沉水植物，具有适应强、喜炎热、生长快、产量高、易栽培等特点。繁殖生长以无性繁殖为主。其茎叶可供鱼、虾、蟹食用。轮叶黑藻的茎、叶和表皮与根一样都具有吸收作用，且皮层细胞含有叶绿素，具有进行光合作用的功能。轮叶黑藻的这种结构对水体中营养盐类的吸收降解及对重金属元素的浓缩富集都有很强的作用，从而达到净化水质的目的。轮叶黑藻净水功能可与凤眼莲相媲美，而综合效能优于凤眼莲。另外，轮叶黑藻能在水体中形成巨大的"水下森林"，对水生态系统结构和功能的稳定起着至关重要的作用。

（4）菹草　菹草（彩图 33）又称春草，麦黄草，多年生沉水植物。菹草对环境变化耐受性较强，在化学耗氧量值较高、水质污染严重的水体中仍能生长发育，对化学耗氧量有一定的清除作用，能够用来清洁水质，改善水环境。菹草对水中氮、磷的吸收与 pH、温度、光照、根（茎）生物量比及底泥间隙水与上覆水中营养盐浓度比有关。在自然条件下，菹草根部主要从底泥中

吸收 NH_4—N、PO_4—P，对 NO_3—N 吸收甚微；茎叶主要从水层中吸收 NO_3—N，对 PO_4—P 吸收甚少。

4. 多种沉水植物搭配栽植 从水域生态学原理和现有的研究成果来看，在养殖池塘中种植沉水植物以净化水质是一种极有前途的生态养殖模式。目前，需要在沉水植物的种类筛选和搭配栽植上进行深入研究，以期达到推广应用的目的。上述 4 种沉水植物的生长范围广、生长速度快、净化能力较强，是净化水质的理想物种。其中，苦草和轮叶黑藻喜温耐热，而菹草和伊乐藻耐寒畏热，因此它们在生长季节上具有互补性。从沉水植物光合补偿点、光合饱和点及强光下光合受抑制的表现特点来看，苦草对光的需求较低，不耐强光，适于在低光照条件的水底生长；黑藻和菹草的最大光合产量出现在中层，可在水体中层形成优势。在自然条件下，轮叶黑藻是苦草群落的伴生种类，二者可相互共存，且长势均良好。因此，在养殖池塘中可夏秋栽植苦草和轮叶黑藻，冬春栽植菹草或伊乐藻，保证沉水植物群体一年四季的水质净化能力。

（三）建造浮床植物系统调节水质

浮床植物（彩图 34）生态修复技术是运用无土栽培技术原理，以高分子材料为载体和基质，采用现代农艺与生态工程措施综合集成的水面无土种植植物技术。通过水生植物根系的截留、吸附、吸收和水生动物的摄食以及栖息其间的微生物的降解作用，达到水质净化的目的，对水生生物的多样性发展也能起到促进作用，并具有营造景观的效果。浮床一般采用高分子材料、泡沫板、蛭石、聚乙烯等，种植的种类主要为水生蔬菜（水芹菜、水雍菜、海芦笋）、花卉（美人蕉）、水稻等。

浮床植物系统可显著影响池塘不同水层中细菌（如氮循环细菌）和真菌的数量，实现不同生理类群的微生物在水体同一水层的共存，促进了水体的物质循环，加强了水体的自净功能。其中有关水体中的氮污染主要是通过微生物的硝化—反硝化途径去除。

（四）构建"零排放池塘健康养殖生态系统"调节水质

"零排放池塘健康养殖生态系统构建研究"是以构建湿地作为复合系统中对养殖池塘水质进行有效调控的核心环节，并研究其净化效能。天然湿地是处于水陆交接的复杂生态系统，而人工湿地则是为净化水质而人为设计建造的、工程化的湿地系统，是近些年出现的一种新型的水处理技术，其去除污染物的范围较为广泛，包括有机物、氮（N）、磷（P）、悬浮物（SS）、微量元素、病原体等，其净化机理十分复杂，综合了物理、化学和生物的三种作用，供给湿地床除污需要的氧气；同时由于发达的植物根系及填料表面生长的生物膜的净化作用、填料床体的截留及植物对营养物质的吸收作用，而实现对水体的净化。

1. 人工湿地 人工湿地（彩图 35）对有机物的去除 人工湿地对有机物有较强的处理能力。不溶性有机物通过湿地的沉淀、过滤可以很快从废水中截流下来，被微生物加以利用；可溶性有机物则可通过微生物的吸附及微生物的代谢过程被去除。废水中大部分有机物的最终归宿是被异养微生物转化为微生物细胞及 CO_2 和 H_2O。

2. 人工湿地对氮的去除 废水中氮主要通过植物吸收和微生物的硝化、反硝化作用被去除，其中植物吸收只去除了污水中小部分的氮，而污水中氮的去除主要是通过微生物的硝化、反硝化作用来完成的。人工湿地比传统活性污泥处理系统（一般无法完成反硝化作用）具有更强的氮的处理能力，比 A/A/O 系统则节省许多基建和运行费用。

3. 人工湿地对磷的去除 人工湿地对磷的去除是植物吸收、微生物去除及物理化学作用三方面共同作用的结果。废水中无机磷在植物吸收及同化作用下可变成植物的 ATP，DNA 及 RNA

等有机成分，通过植物的收割而去除。物理化学作用包括填料对磷的吸附及填料与磷酸根离子的化学反应。微生物对磷的去除包括它们对磷的正常同化（将磷纳入其分子组成）和对磷的过量积累。其中，填料的物理化学作用对于磷的去除贡献最大。

4. 人工湿地的主要优点

（1）投资省、能耗低、维护简便 人工湿地不采用大量人工构筑物和机电设备，无需曝气、投加药剂和回流污泥，也没有剩余污泥产生，因而可大大节省投资和运行费用。至于维护技术，人工湿地基本上不需要机电设备，故维护上只是清理渠道及管理作物，一般人员完全可以承担，只个别环节需专业人员定期检查。

（2）脱氮除磷效果好、病原微生物去除率高 人工湿地是低投入、高效率的脱氮除磷工艺，无需专门消毒便可对病原微生物大幅去除，处理后的水可直接排入湖泊、水库或河流中，也可用作冲厕、洗车、灌溉、绿化及工业回用等。

（3）可与水景观建设有机结合 人工湿地可作为滨水景观的一部分，沿着池塘、河流和湖泊的堤岸建设，可大可小，就地利用，部分湿生植物（如美人蕉、鸢尾草等）本身即具有良好的景观效果。

在养殖池塘构建湿地的结果表明：湿地对池塘养殖废水中SS的去除率为82.2%，COD_{Cr}的去除率为57.9%，氨氮的去除率为80.1%，NO_3-N的去除率为54.3%，NO_2-N的去除率为73.2%，TN的去除率为63.4%，TP的去除率为72.6%，大肠菌群数的去除率为80.0%；出水水质在不同的水力负荷、污染负荷及停留时间等条件下均能达到《渔业水质标准》的要求，达到了回收利用的目的。

第六章

斑点叉尾鮰安全生产的饲料投喂技术

　　鱼类生活在各种水域环境中，为了生存，必须不断地从外界摄取食物，经消化、吸收，并在体内进行一系列生化反应，以维持生命活动和建造自身组织，从而能正常地生活、生长、发育和繁殖，并将不能消化吸收的食物残渣及代谢废物排出体外。在粗放养殖的情况下，鱼类的食物完全来自水域内的浮游生物、微生物、昆虫及鱼、虾等天然食物，无人工投喂，因此不需要营养学知识。可是，在高密度集约化养殖条件下，水体中的天然食物已经远远不能满足鱼类的生理需求。为了满足需要，必须投喂人工饲料。如果饲料质量安全没有保障，轻则使鱼类产生疾病，生长速度缓慢，重则严重危害人体健康。

第一节　饲料投喂原则

　　适当的投喂方法对提高饲料的利用率是十分重要的。养殖者总迫切希望饲料蛋白质能很有效地转化成鱼组蛋白，使斑点叉尾鮰获得最快增长速度。为了达到这个目标，必须掌握鱼类饲料投喂的基本原则。

一、定时

　　投饲必须定时进行，以养成鱼类按时吃食的习惯，同时选择水温较适宜、溶解氧较高的时间投饲，以提高鱼的摄食量，提高饲料利用率。正常天气，一般在 8:00—9:00 和 16:00—17:00 各投饲 1 次，这时水温和溶解氧升高，鱼类食欲旺盛。在初春和秋末冬初水温较低时，一般在中午投饲 1 次。夏季如水温过高，下午投饲的时间应适当推迟。

二、定位

投饲必须有固定的位置，使鱼类集中在一定的地点吃食，便于检查鱼类摄食情况，清除残饲和食场消毒。投喂青饲料可用竹竿搭成三角形或方形的框，投于框内。投精饲料应投食台，可用芦苇或竹片织成面积为 1～2 平方米的密底带边框的食台，处于水面以下 30～40 厘米处，将饲料投在食台上让鱼吃食。也可以将玉米等不易溶散的成粒状饲料投在池边底质较硬且无淤泥的固定地点（水深 1 米以内），形成食场，效果也较好。

三、定质

投喂的饲料必须新鲜，不使用腐败变质的饲料，防止引起鱼病。饲料的适口性要好，适于池塘混养的不同种类和不同大小的鱼类摄食。有条件的最好制成配合颗粒饲料投喂，以提高营养价值和减少饲料在水中的溶散损失。必要时在投喂前对饲料消毒，特别是在鱼病流行季节更应这样做。

四、定量

投喂饲料应做到适量、均匀，防止过多过少或忽多忽少，以利于鱼类对饲料的消化吸收，降低饲料系数，减少疾病，促使鱼类正常生长。适量投饲是投饲技术的关键。投饲过少，饲料的营养成分只能用于维持生命活动的需要，用以生长的部分很少，这样必然提高饲料系数。投饲过多，鱼类吃食过饱，会降低饲料的消化率，容易引起鱼病发生，降低成活率和成长率。过多的饲料鱼吃不下，沉积在池塘中，不但浪费饲料，还会败坏水质。

第二节　饲料的安全要求

为了实现安全生产、确保消费者的身体健康，必须选用质量安全有保障的无公害饲料。

所谓无公害饲料，应是由无公害产品概念延伸而得。就广义而言，无公害水产饲料包括三层意思：一是对水产养殖品种无毒害作用；二是在水产品中无残留，对人类健康无危害作用；三是养殖品种排泄物对水环境无污染作用。同时符合这 3 个条件的，才是广义上的无公害水产饲料。据此，无公害水产饲料的定义，是指饲料中含有的物质、种类和数量控制在安全允许范围内，不危害水产养殖品种、不构成对水环境的污染，进而不影响人体健康的饲料。就狭义而言，凡是对水产养殖品种无毒害作用的饲料就是无公害水产饲料。

一、无公害水产饲料的重要性

饲料是水产养殖最重要的生产资料，它不仅直接关系到水产品的质量与安全，而且还直接关系到水产养殖过程对水环境的影响。如果饲料产品中存在不安全因素，譬如含有毒副作用和违禁物质，必然影响养殖品种正常、健康生长，其残留转移、积蓄，不仅污染环境，不利于渔业环境的可持续发展，而且也会影响到人类健康。饲料无公害也即饲料安全，其重要性主要体现在以下几个方面：

（一）饲料安全关系到水产品的质量与安全

从水产品的生产过程来看，水产品的质量和安全，受到饲料的组成、养殖品种的健康、水环境、产品的加工和运输方式等诸多因素的影响。因此，对水产品质量与安全性的控制，必须实施"从养殖场到餐桌"的全程监控，即针对水产品生产过程当中的养殖、加工、运输和贮存（上市）的每个生产环节，均实行相应的质量保证，来确保其生产过程的安全性，从而最终满足消费者获得安全水产品的需求。但由于养殖是第一环节，而饲料是这第一环节中的主要源头，因此，在饲料生产上的安全控制措施，无疑是产出安全水产品的关键环节。

（二）饲料安全关系到人体的健康

饲料中添加的促生长剂喹乙醇，一方面引起鱼体发红，甚至死亡，同时其残留对人体造成不良反应；激素类添加剂的使用，其在水产品中的残留会引起青少年肥胖和性早熟，严重危害人体健康。

（三）饲料安全关系到水产养殖过程对环境的污染

饲料添加剂及各种药物被养殖品种摄食后，一些性质稳定的药物或超量添加后残留的物质被排泄到水环境中，构成对水环境的破坏作用，如砷制剂、高铜添加剂的使用对水体的污染等。另外，消化吸收率低的饲料中70％以上的氮和磷随粪尿排到水体中，造成对水环境的污染。

（四）饲料安全关系到水产品的出口

使用违禁药物或滥用药物，必然导致水产品的药物残留超标。药物残留问题严重影响了我国水产品的对外出口。2001年香港市场的螃蟹"氯霉素事件"，严重影响了螃蟹的销售。我国已加入世界贸易组织，各国之间的关税壁垒将逐步取消，而绿色壁垒则将成为产品出口的必然障碍之一。很显然，药物残留超标的产品是没有国际市场的。

（五）饲料安全关系到社会和政治的稳定

生活经验告诉人们，食品卫生是非常重要的，因此受到了普遍的重视。但对饲料安全问题，因为感受不那么直接，便不像对待食品那样高度重视了。近年来，由饲料安全问题引发的食品安全问题的事件此起彼伏，消费者至今心有余悸。尤其是 1999 年5 月比利时发生的仅次于英国疯牛病的大灾难——饲料中"二噁英"污染引起的鸡肉、蛋、奶中毒事件，不仅造成直接经济损失 25 亿欧元，而且导致了一届政府的垮台。由此，饲料安全关系到食品安全，甚至政治安全。

二、无公害水产饲料的安全要求

无公害水产饲料安全要求的基本内容是无公害水产饲料安全性的具体体现。

（一）饲料原、辅料的安全要求

饲料原、辅料的采用应符合饲料卫生标准的规定。2001 年10 月 1 日起实施的新颁《饲料卫生标准（GB 13078—2001）》对66 种饲料产品的 17 个卫生项目制定了允许的含量指标，并指明了特定的试验方法。水产用饲料原、辅料安全卫生要求应符合表6-1 的规定。

表6-1 水产用饲料、饲料添加剂安全卫生要求

序号	卫生指标项目	产品名称	指标	试验方法
1	砷（以总砷计）的允许量（毫克/千克）	石粉、硫酸亚铁、硫酸镁	≤2.0	GB/T 13079

（续）

序号	卫生指标项目	产品名称	指标	试验方法
		磷酸盐	≤20.0	
		沸石粉、膨润土、麦饭石	≤10.0	
		硫酸铜、硫酸锰、硫酸锌	≤5.0	
		碘化钾、碘酸钙、氯化钴	≤5.0	
		氧化锌	≤10.0	
		鱼粉、肉粉、肉骨粉	10.0	
2	铅（以 Pb 计）的允许量（毫克/千克）	骨粉、肉骨粉、鱼粉、石粉	≤10.0	GB/T 13080
		磷酸盐	≤30.0	
3	氟（以 F 计）的允许量（毫克/千克）	鱼粉	≤500	GB/T 13083
		石粉	≤2 000	
		磷酸盐	≤1 800	HG 2636
		骨粉、肉骨粉	≤1 800	GB/T 13083
4	霉菌的允许量（每千克产品中）霉菌总数×10³	玉米、小麦麸、米糠	≤40	GB/T 13092
		豆饼（粕）、棉籽饼（粕）、菜籽饼（粕）	≤50	
		肉骨粉、鱼粉	≤20	
5	黄曲霉毒素 B₁ 允许量（微克/千克）	玉米、花生饼（粕）、棉籽饼（粕）、菜籽饼（粕）	≤50	GB/T 17480 或 GB/T 8381
		豆粕		
6	铬（以 Cr 计）的允许量（毫克/千克）	皮革蛋白粉	≤200	GB/T 13088
7	汞（以 Hg 计）的允许量（毫克/千克）	鱼粉	≤0.1	GB/T 13081
		石粉	≤0.5	

（续）

序号	卫生指标项目	产品名称	指标	试验方法
8	镉（以 Cd 计）的允许量（毫克/千克）	米糠	≤1.0	GB/T 13082
		鱼粉	≤2.0	
		石粉	≤0.75	
9	氰化物（以 HCN 计）的允许量（毫克/千克）	木薯干	≤100	GB/T 13084
		胡麻饼、粕	≤350	
10	亚硝酸盐（以 NaNO₂ 计）的允许量（毫克/千克）	鱼粉	≤60	GB/T 13085
11	游离棉酚允许量（毫克/千克）	棉籽饼、粕	≤1 200	GB/T 13086
12	异硫氰酸酯（以丙烯基异硫氰酸计）的允许量（毫克/千克）	菜籽饼、粕	≤4 000	GB/T 13087
13	六六六的允许量（毫克/千克）	米糠、小麦麸、大豆饼、饼、鱼粉	≤0.05	GB/T 13090
14	滴滴锑的允许量（毫克/千克）	米糠、小麦麸、大豆饼、饼、鱼粉	≤0.02	GB/T 13090
15	沙门菌	饲料	不得检出	GB/T 13091
16	细菌总数的允许量（每克产品中）细菌总数×10⁶ 个	鱼粉	<2	GB/T 13093

注：①本表所列允许量均为以干物质含量为88%的饲料为基础计算。

②资料来源《饲料卫生标准（GB 13078—2001）》。

（二）水产配合饲料安全要求

1. 无公害水产配合饲料安全限量必须符合表 6 - 2 的要求。

表6-2 无公害渔用配合饲料的安全卫生要求

序号	卫生指标项目	产品名称	指标	试验方法
1	铅（以Pb计，毫克/千克）	各类渔用配合饲料	≤5.0	GB/T 13080
2	汞（以Hg计，毫克/千克）	各类渔用配合饲料	≤0.5	GB/T 13081
3	无机砷（以As计，毫克/千克）	各类渔用配合饲料	≤3	GB/T 5009.45
4	镉（以Cd计，毫克/千克）	海水鱼、虾类配合饲料	≤3	GB/T 13082
		其他渔用配合饲料	≤0.5	
5	铬（以Cr计，毫克/千克）	各类渔用配合饲料	≤10	GB/T 13088
6	氟（以F计，毫克/千克）	各类渔用配合饲料	≤350	GB/T 13083
7	游离棉酚（毫克/千克）	温水杂食鱼类、虾类配合饲料	≤300	GB/T 13086
		冷水鱼、海水鱼配合饲料	≤150	
8	氰化物（毫克/千克）	各类渔用配合饲料	≤50	GB/T 13084
9	多氯联苯（毫克/千克）	各类渔用配合饲料	≤0.3	GB/T 9675
10	异硫氰酸酯（毫克/千克）	各类渔用配合饲料	≤500	GB/T 13087
11	噁唑磺硫（毫克/千克）	各类渔用配合饲料	≤500	GB/T 13089
12	酮油脂酸价(KOH)(毫克/千克)	渔用育苗配合饲料	≤2	SC/T3501
		渔用育成配合饲料	≤6	
		鳗鲡育成配合饲料	≤3	
13	黄曲霉毒素B_1（毫克/千克）	配合饲料	≤0.01	GB/T 17480 或 GB/T 8381
14	六六六（毫克/千克）	各类渔用配合饲料	≤0.3	GB/T 13090
15	滴滴涕（毫克/千克）	各类渔用配合饲料	≤0.2	GB/T 13090
16	沙门菌（cfu/25克）	各类渔用配合饲料	不得检出	GB/T 13091
17	霉菌（cfu/克）	各类渔用配合饲料	≤3×10⁴	GB/T 13092

注：资料来源《无公害食品：渔用配合饲料安全限量（NY 5072—2002）》。

2. 作为无公害水产饲料生产，不得添加砷制剂（如氨苯砷酸）；不准使用抗生素药渣；严禁使用违禁药物（包括肾上腺类药、激素及激素类样物质和催眠镇静类药等）。

3.无公害水产饲料生产中不得使用转基因动、植物产品。

第三节 饲料的种类

斑点叉尾鮰配合饲料有硬颗粒饲料与膨化颗粒饲料之分。两种饲料的原料是相似的，只是膨化料在加工前应添加热敏维生素的损失量，以保证成形后达到所需的营养成分；两种饲料加工工艺不同，膨化料的加工工艺较复杂，加工成本相对较高，但膨化料有其自身的优点，最终能产生更高的效益。膨化料与硬颗粒料比较见表6-3。在实际应用中，如能将15%的膨化料和85%的硬颗粒料混合使用，既能保证斑点叉尾鮰充分摄食，又有利于观察斑点叉尾鮰摄食状态，可随时调整投饲率。

表6-3 膨化颗粒饲料与硬颗粒料的比较

比 较 项 目		膨化颗粒饲料	硬颗粒（环模制粒生产）
养殖方面	浮性	好	不能
	水中的稳定性	好	差
	颗粒的黏结度	强	弱
	因掉入池底而造成的损失	少	多
	粉化率	低	很高
	饲料的转化率	高	低
	饲料中的细菌与毒物含量	少	多
	对水质的影响	小	很大
	致病的可能性	小	大
	加工温度对营养成分的影响	利：提高消化率 弊：维生素损失多（约20%损失）	弊：消化率较低 利：维生素损失少
	价格	高	低
	经济	好	差

（续）

比 较 项 目		膨化颗粒饲料	硬颗粒（环模制粒生产）
饲料加工方面	资金投入	多	少
	加工成本	高	一般
	设备损耗	慢	快
	性价比	高	低

第四节　饲料投喂方法

饲料是养鱼的最大成本之一，讲究科学的喂料方法，不仅有利于鱼的健康生长，而且可节约饲料，有效地提高养鱼效益。斑点叉尾鮰有各种各样的投饲方法，但常用的方法有三种。

一、手工投饲法

这是我国小规模养殖中普遍使用的投饲技术，即将每天规定的投饲量，在上午用3～4小时的时间，用手一把一把地将饲料投喂给鱼类，下午大致以同样的时间进行第二次投饲。如果生产规模小、饲料稳定性很差，只能用这种方法。

二、定点投饲法

也是手工投饲法的一种，即每天把规定的饲料量在池塘的同一位置一次性地投入。

以上两种方法都不需要专用设备。

三、机械投饲

即在一定的时间间隔内，由投饵机定时将饲料投喂给鱼类；

或使用需求式投饵机，即根据摄食鱼类触动而投饲的方法。机械投饲有以下优点：①减少饲料浪费；②能提高产量 7%～14%；③减少对水质的污染；④鱼类摄食均匀；⑤鱼类规格较一致。机械投饵达到少量多餐的目的，避免了因鱼类忽饱忽饥造成池水溶解氧的大起大落。

有一定规模的养殖者应尽可能采用第三种方式，以达到节约劳力，提高效益，投饲准确、均匀和鱼类生长快、规格整齐的目的。

第五节　饲料的投喂量

斑点叉尾鮰从鱼种到各种商品鱼，主要投喂的是浮性饲料和沉性硬颗粒饲料。斑点叉尾鮰饲料投饲率是以饲料占鱼体重的百分比来计算。投饲率主要受鱼体大小及温度的影响。小鱼摄食量大，饲料占鱼体重百分比要比大鱼的高。斑点叉尾鮰在冷水摄食比在温水少。

一、按鱼的重量确定日投喂量

斑点叉尾鮰摄食量较大，日投饲量的计算一般为鱼体重量的 1.0%～4.5%，具体的日投饲量应依据水温与摄食情况确定，其投喂方法见表 6-4 说明。

表 6-4　日投饲率的计算

水温（℃）	6～10	10～15	15～20	20～25	25～30	30～32
日投饲率（%）	0.5	1.5～2.0	2.0～3.0	3.0～3.5	3.5～4.5	3.0～3.5

注：①日投饲率为每天投喂饲料数量占池中鱼体总重的百分比；
②每天的投喂量按 90%的饱食法确定，即在计算出日投饲量后再乘以 90%就为当天需要投喂的饲料量；
③同时要依据天气、鱼的活动情况而灵活掌握日投饲量，一般以 10～15 分钟内吃完为好。

二、鱼体重量确定

每个月取样一次，每次取样鱼数为鱼总数的3%～5%，称出总体重并求出平均尾重，从而确定整池（箱）鱼的重量，通过总重量计算出日投饲量；由于鱼不断生长，重量不断增加，因此，每个取样月内，应每10天小调整一次日投饲量，调整的幅度为增加10%的投饲量。

饲料不足会引起鱼的规格不一，使鱼越大生长越快。一般来说，鱼个体越大，活动性越强，则需饵量也大，但如饲料投喂不足，则大鱼抢食能力强，生长更快，而小鱼摄得食物少，生长会变得更慢。

斑点叉尾鲴亲鱼投饲率比各种规格的商品鱼要低。在温水中，亲鱼一般需摄入体重2%的饲料，而在冬季则只需摄进体重0.5%～0.7%的饲料。因此它们摄入的饲料量是不同的，斑点叉尾鲴亲鱼必须摄入足够量的饲料满足身体的需要，以便能够顺利完成产卵受精等过程。斑点叉尾鲴的投饲率及投饲频率见表6-5。

表6-5 不同水温下斑点叉尾鲴鱼苗、鱼种和商品鱼的最大投饲率和投喂频率

摄食水温（℃）	鱼苗或鱼种		商品鱼	
	每天投喂次数	日投饲率（%）	投喂次数	日投饵率（%）
30.5以上	2	2	每天1次	1.0
26.7～30.0	4	6	每天2次	3.0
20.0～26.1	2	3	每天1次	2.0
14.4～19.4	1	2	每天1次	2.0
10.0～13.9	1	2	2天1次	1.0
10.0以下	1	1	3～4天1次	0.5

第七章

斑点叉尾鮰成鱼的安全生产技术

斑点叉尾鮰适应性强，其养殖方式既可单养，又可混养；既可在池塘、水库、小型湖泊饲养，也可在网箱或流水池中进行集约化养殖。其中以池塘养殖和网箱养殖较为普遍。

第一节 斑点叉尾鮰网箱安全生产技术

池塘养殖的斑点叉尾鮰由于塘泥和水质的双重影响常有土腥味，而水库网箱养殖（彩图36），不仅可充分利用江、河、湖泊、水库等天然水体，单产高出池塘几十倍、成百倍，而且由于水库水面大，水质清新，养殖的斑点叉尾鮰商品鱼几乎没有腥味，成鱼品质明显优于池塘，受到消费者的普遍欢迎，同时也有利于出口加工。水库大水面网箱无公害养殖斑点叉尾鮰优于池塘养殖更利于大水面的有效开发利用、提高商品斑点叉尾鮰的品质。

一、水域选择

1. 水域环境 应选择水面宽阔，交通方便，环境安静，无污染的水域，透明度应大于1米，PH 6.5～8.0，溶解氧每千克水体5毫克以上，网箱面积与水域面积之比为1：100以上的水体安置网箱。最好选择在水库上游的河流入口处或水库坝下的宽阔河道中而不要选易受洪水直接冲击、靠近航道的库湾或库汊作为网箱养殖点（彩图37）。

2. 水流和风浪　水体交换量要在斑点叉尾鮰对水流、波浪的适应范围之内。根据斑点叉尾鮰对流速的耐受力和各地养鱼的经验，网箱设置水域的流速宜选在每秒 0.05～0.2 米的范围内和风力不超过 5 级的敞水处为好。

3. 水深、底质和离岸的距离　水深在 6 米以上，底部平坦，离岸相对较近是网箱养殖较理想的条件。

4. 选择避风向阳、日照条件好的场所　一般网箱的养殖基地设置在湖泊或水库的东南面或东北面。

二、网箱搭建（彩图 38）

1. 网箱结构　网箱采用聚乙烯双层封闭式结构（彩图39），网箱材料一般采用双向延伸的聚乙烯无结网片。以封闭的铁桶、塑料桶作浮子，楠竹、角铁、钢管作支架固定，钻孔方石砖作沉子。网箱常见规格有 4.0 米×4.0 米×2.5 米、5.0 米×5.0 米×2.5 米、3.0 米×4.0 米×2.5 米、4.0 米×5.0 米×3.5 米等，内箱四面至少距外箱 3 厘米以上。如果网箱规格为外箱 4.0 米×4.0 米×2.5 米，则内箱规格大约为 3.6 米×3.6 米×2.5 米。箱架宜选择木材（宽 15 厘米，厚 8 厘米的方木）、楠竹、塑管（直径为 13 厘米）三种材质。这些材料简便易得，适用于人工投饵的养殖单位。另有一种是 WYS-1 型网箱养鱼成套设备，它包括 WY-5 型及 WY-6 型钢材组装框架，上设太阳能全自动投饵机，每单元两排 10～20 只箱，联成整体，网箱间距为 1～2 米，体积为 1 立方米左右，以 1～4 立方米的网箱管理最方便。一般木架结构宜采用 4 米×4 米×3 米规格，钢架结构宜采用 5 米×5 米×3 米规格。新购的网箱应在投放鱼种前在水中浸泡7～10 天以附着藻类，防止擦伤鱼体，旧网箱在使网箱前，应晾晒几天，并用药物浸泡消毒。网箱表面大部分甚至全部覆盖遮阳网，既可防止鸟类或其他动物捕食鱼类，也可避免阳光直射，有利于斑点叉尾鮰的生长。

网箱网目的大小必须适当。网目过大，水体交换量虽大，但易逃鱼；网目过小，虽不会逃鱼，但容易被水体中的丝状和网状藻类附着而堵塞，有碍水体交换，影响鱼类生长。所以，网目大小应根据投放鱼种的规格来确定。鱼种箱的网目一般为1.0～1.1厘米，成鱼箱为2～5厘米，实际生产中以鱼体不能逃脱出网箱为准。实践证明，当鱼种规格为10厘米时，网目为2厘米，当放养鱼种规格为30～50克时，网目选择4厘米，当鱼长至150克时，需换成网目为5厘米的网箱一直养至成鱼出箱。这样，放养规格与网箱网目配套，生产效果较好。如果每只网箱配有不同网目的网衣替换，使用时间长，经济上更合算。

2. 网箱设置（彩图40）　网箱适于设置在具有微流水的水域，架设应以南北向为主。网箱依靠箱架浮于水面，箱盖高出水面0.5米，以不妨碍鱼上浮集中抢食，箱底应离水体底部至少保持50厘米。固定网箱的方法很多，要因地制宜。在水面宽阔的地方，可以用钢管桩固定；也可将网箱联成排，以重锚固定。在较窄的库湾，可在两岸拉绳固定。因斑点叉尾鮰属于摄食性鱼类，每天需进行多次投喂。为方便管理，网箱的布局最好为两面三排直线式，中间用竹排铺设管理通道，便于投喂。箱与箱的距离不宜太宽，否则会增加架设成本和管理费用。两排之间和箱与箱之间的间距应控制在1～2米为宜。

考虑到水体承载能力，网箱面积一般不宜超过总水面的5%，超过5%容易造成水体富营养化，不能达到可持续发展。我们建议网箱设置面积占养殖水域面积应控制在1%以内。

三、鱼种放养 (彩图 41)

　　5厘米以后直到养成商品鱼可在网箱中饲养。生产中一般常用二级放养。网箱中可适当搭配鲢、鳙、鲴类，用来控制水质、清除网衣上的附着物和充分利用网箱的水体空间，但不可搭配罗非鱼、鲤、鲫等与斑点叉尾鮰争食的鱼类。要求选用加工企业指定的备案养殖场生产的无药残鱼种。选购的鱼种体质健壮，无虫、无病、无伤，规格整齐。计划当年出箱加工的应选用每千克50尾以内规格的鱼种。鱼种运输前1个月要杀虫消毒，投喂护肝药，若为长途运输，则运输前10天停食，前5天进行拉网锻炼2次，运输前屯箱10小时，泼洒抗应激药物，用氧气活鱼运输车运输，抽取本池水，带水上车，并在罐中加抗应激药物。鱼种进箱时间以水温在15℃以上时较为适宜。苗种进箱前要用3%～5%的食盐水浸泡消毒5～10分钟，或每立方水体用15～20克的碘制剂溶液浸泡鱼体10～15分钟，杀灭体表的病菌和寄生虫。每个网箱内鱼种的放养规格必须大小一致，不能大小混养。

四、饲料投喂 (彩图 42 至彩图 44)

　　斑点叉尾鮰用料分鱼种阶段和成鱼阶段，鱼种阶段的饲料蛋白质含量应在35%～36%，成鱼阶段的蛋白质含量应在32%～34%。饲料中动物蛋白质含量应不低于15%，饲料的消化蛋白和消化能的比值为85～114。选择的饲料必须是经过省级进出口检验检疫部门备案的合格饲料。网箱投饵方法应坚持"四定"投饵法进行投喂：①定点，每天固定投喂相同的位置，边投喂边观察鱼的摄食与活动情况（最好选用硬颗粒饲料，以便观察）。②定质，选择饲料的成分要全面，饲料新鲜，无霉变，无异味，颗粒适口，粉尘少，不能添加任何违禁渔药和激素。③定时，一般在早晚进行投饵。即早上在太阳出山之前，晚上在日落后天黑之前投喂结束为宜。④定量，因斑点叉尾鮰属于有胃鱼类，其食量在胃内消化不低于 8 小时，一般情况下每次摄食量可达 1%～2%，成鱼阶段两餐间距 8～10 小时，鱼种阶段两餐间距 5～6 小时。投饵时必须遵循先少量投饵将网箱内的鱼引上水面后，再加量投饵待 80% 的鱼不激烈抢食时停止投喂，投喂时量少速度放慢，加量投喂速度加快，减量投喂速度减慢，即"少—多—少"、"慢—快—慢"的原则。一般来说，斑点叉尾鮰的日投饲量应控制在其饱食量的 70%～80% 为宜。

若使用浮性饲料，可在网箱中设置一个可浮在水面的框架，框内水面应占到网箱水面的 25% 左右，框顶应用网片遮盖，防止鸟类等偷食。另外，框架应高出水面 20 厘米，向下延伸 40 厘米。若使用沉性饲料，则可用钢筋和聚乙烯网片制成无盖圆盘作为食台，边高 10～15 厘米，面积约为网箱水面的 20%，沉于箱底，另制一根 1 米多的塑料管立于食台上方，作为投喂饵料的导管。

五、日常管理

1. 网箱检查（彩图 45）　网箱在安置前应经过仔细的检查，鱼种放养后要勤作检查。水位变动剧烈时，如洪水期、枯水期都要检查网箱的位置，在水面较小，水体较肥，水位较浅，产量较高的养殖水体中调整网箱的位置尤为重要。因为产量高，投饲量大，鱼类排泄出的代谢物多，网箱下沉积物及周围水环境恶化严重，水下不断分解出有毒气体冒出气泡，水色变深发黑，遇到这种情况应将网箱向上风口移动 50 米以上。

2. 调整规格、密度　尽管斑点叉尾鮰适宜高密度养殖，但并不意味着放养密度越大越好。因网箱中鱼数量太多，摄食不均，规格参差不齐，平均增幅慢；数量太少抢食不凶，箱体利用率低。因此，在生长期的每个月都要对鱼的规格和数量进行调整，可分筛和手拣进行分级（彩图 46、彩图 47），以保持最佳密度促进其快速健康生长。分箱、转箱后用每千克水加 0.3～0.5 毫克的二氧化氯全箱泼洒一次，药效每箱每次应维持在 30 分钟以上。

3. 定期洗箱、换箱　因网箱在水体长期浸泡后吸附了鱼体排泄物及水中污物，着生大量丝状藻类，影响水质交换，各种病原体大量繁殖，极易引起鱼类发病，因此，这项工作十分重要。养殖期间每半月清洗一次网衣上的污渍和附生藻类，并及时捞取网箱内和网箱附近的污物，保持网箱内外水体交换通畅和水质清爽。目前，国内网箱清洗有以下几种方法。

（1）人工清洗法　网箱上的附着物比较少时，可直接将网衣提起，抖落污物，或者将网衣浸入水中漂洗。当附着物较多时，可用韧性较强的竹片抽打使其掉落。操作要细心，防止伤鱼破网。洗网的间隔时间，以不使网目堵塞为原则。

（2）机械清洗法　使用喷水枪、潜水泵，以强大的水流把网箱上的污物冲落。有的采用农用喷灌机（以柴油机作为动力），安装在小木船上，另一船安装一吊杆，将网箱各个面吊起顺次进行冲洗。二人操作，冲洗一只 60 平方米的网箱约需 15 分钟，比手工洗刷提高工效 4～5 倍，减轻了劳动强度，是目前普遍采用的方法。

（3）沉箱法　各种丝状绿藻一般在水深 1 米以下处就难以生长和繁殖，因此，将封闭式网箱下沉到水面以下 1 米处，就可以减少这些藻在网上的附生。但此法往往会影响到投饵和管理，对鱼的生长不利。因此，要因地制宜，权衡利弊后再作出决定。

（4）生物清污法　利用罗非鱼、鲴等鱼类喜刮食附生藻类，吞食丝状藻类及有机碎屑的习性，在网箱内适当放养这些鱼类，让它们刮食网箱上附着的生物，使网目保持清洁，水流畅通。利用这种生物清污法，既可充分利用网箱内的饵料生物，又能增加养殖种类，提高养殖产量。

4. 做好网箱饲养日志 网箱饲养日志应包括日期、天气、水温、放养、捕鱼记录、鱼体成长度记录、投饲种类及数量、鱼类活动情况、鱼病情况及防治措施等项目。

5. 起网收捕（彩图48）**及并箱越冬** 起捕的时间应根据水温、网箱中鱼群生长的状况和市场的需要来决定。一般水温下降到15℃时就可起捕，供应市场。春季放养的大规格鱼种，一般当年都可达到上市规格，而不需要进行并箱越冬。并箱须在天气晴朗、水温10℃左右时进行。并箱的鱼要停食2天以上。越冬的放养密度以每立方米水体放鱼种1.5千克左右为宜。

6. 病害防治 病害控制坚持"预防为主，及早发现，及时诊治"的原则，采取"内服为主，外用为辅，草药预防，西药治疗"的办法，养殖过程中要始终坚持防重于治。每次分筛、转箱、抽样等操作后，用每千克水加3～5毫克的漂白粉或每千克水加100毫克的生石灰全箱泼洒一次；也可用每立方米水加15～20克的碘制剂溶液浸泡鱼体10～15分钟，鱼种入箱时用1.5%食盐水加每千克水加入30毫克的福尔马林混合液浸洗20～30分钟。养殖的中、后期每月投喂用中草药制成的药饵，连续投喂3～5天，预防疾病；用硫酸铜、硫酸亚铁、敌百虫在网箱中轮流挂袋。

斑点叉尾鮰网箱养殖生产实例

（一）衡阳县网箱养殖斑点叉尾鮰试验

罗宏辉等2007年在湖南省衡阳县牛形山水库进行网箱养殖斑点叉尾鮰试验，产量、效益比较不错。

1. 试验条件 ①牛形山水库总面积为395公顷，平均水深为11.6米，水底无过多淤泥和腐殖质，水质清新，透明度在 75 厘米以上, 库区无污染源, 水体相对流动较小, 水位落差较小, 年平均为 2.1 米。②网箱材料为聚乙烯结节网片, 规格 4.0 米×4.0 米×2.5 米, 水下深度为 2 米, 网目为 3 厘米。试验网箱共 10 口, 成 "井" 字形排列, 箱间距为 2 米。

衡阳县斑点叉尾鮰网箱养殖

2. 鱼种放养 ①鱼种规格: 斑点叉尾鮰种大小为每尾 50~55 克, 鲢鱼种每尾 50 克, 鳙鱼种每尾 100 克。②放养密度: 斑点叉尾鮰种每箱 1 800 尾, 鲢鱼种每箱 15 尾, 鳙鱼种每箱 35 尾, 每箱投 5 尾红鲤作为指示鱼。

3. 饲料条件 选用斑点叉尾鮰专用膨化浮性颗粒饲料, 饲料投喂时先进行 1 周的摄食驯化, 夏季在网箱上挂 5 千瓦黑光灯诱虫为食。

4. 结果 经过 286 天的养殖, 共产商品鱼 13 728 千克, 其中收获斑点叉尾鮰 15 743 尾, 平均尾重 792 克, 总重 12 428 千克; 收获鲢、鳙 1 260 千克, 单箱产量 1 372.8 千克。网箱总产值 137 280 元, 纯利润 38 964 元; 单箱产值 13 728 元, 纯利润 3 896.4 元。

（二）永州市网箱养殖斑点叉尾鮰试验

杨四秀等2007年在湖南省永州市双牌水库进行网箱养殖斑点叉尾鮰试验，产量、效益十分显著。

1. 试验条件　①双牌水库总库容6.9亿米³，有效库容2.43亿米³，水质清新，透明度在110厘米，库区无污染源，水体相对流动较小，环境安静，pH 6.9～7.5。②试验网箱共60口，网箱为单层封闭式聚乙烯网箱，规格为2.5米×2.5米×3.0米，水下深度为2.7米，网目为3厘米，无盖网。网箱成"非"字形排列，箱间距为3米。

湖南省永州市斑点叉尾鮰网箱养殖

2. 鱼种放养　①鱼种规格：斑点叉尾鮰种大小为每千克12尾。②放养密度：斑点叉尾鮰种每平方米180尾，鱼种进箱前用4%食盐溶液浸浴10分钟。

3. 饲料条件　选用湖南省益阳市益华水产公司生产的蛋白质含量为35%的斑点叉尾鮰专用浮性颗粒饲料，饲料投喂时先进行1周的摄食驯化，在网箱中央设置0.4米×0.4米的食台。

4. 结果　经过近 8 个月的养殖，共产商品鱼 48 462.34 千克，平均尾重 768 克，单箱产量 807.71 千克，成活率 94.18%，饵料系数 2.5。网箱总产值 513 700.8 元，纯利润 215 138.2 元；单箱产值 8 562 元，纯利润 3 585.64 元，投入产出比 1：1.58。

（三）万安县网箱养殖斑点叉尾鮰试验

王显明等 2005 年在湖南省万安县万安水库进行网箱养殖斑点叉尾鮰试验，取得了不错的经济效益。

1. 试验条件　①试验地选在万安水库近大坝的蜜溪坑库汉，该处交通便利，环境优良，避风向阳。总面积 200 亩，高水位时水深 25 米，枯水期水深 12 米，平均水位 4 米，水体透明度 100～150 厘米（春末夏初洪水期间水较混浊，透明度低，其余时间水质清，透明度高），pH 6.4～7.0，弱酸性，溶解氧丰富，水流较缓。②试验网箱 100 个，箱体规格为 4.0 米×4.0 米×2.5 米。网箱用聚乙烯网片制成，网目为 3 厘米。网箱采用一字形排列，每两排网箱之间铺设木板过道，方便操作。一般一排串联 25 箱，行间隔为 5 米，箱间距为 1 米。网箱支撑框架用钢管焊接而成，圆柱形泡沫作浮子，每个网箱安装一个浮性饲料框。

湖南省万安县斑点叉尾鮰网箱养殖

2. 鱼种放养　4 月初至 5 月上旬，分四次投放规格为每尾 15～25 克的斑点叉尾鮰 115 800 尾，其中每尾 25 克规格的 77 000 尾，每尾 15 克的 38 800 尾，总重量 2 550 千克。每箱投放 1 000～1 200 尾，25～28 千克。鱼种下箱前用 3‰食盐水浸洗 5～10 分钟。

3. 饲料条件　养殖期间全程投喂湖南省生产的斑点叉尾鮰专用膨化饲料，前期使用 1 号料，蛋白质含量为 36%，粒径为 2.5 毫米；待鱼体规格达到 100 克后，改用 2 号料，粗蛋白质为 32%，粒径为 4.5 米米。采用 80%饱食投喂法投喂。

4. 结果　2005 年 10 月 30 日至 12 月 29 日期间，分 15 次起捕商品鱼 56 169 千克，起捕规格为每尾 0.5～1.2 千克，平均规格为每尾 0.65 千克，还有 0.5 千克以下的存箱鱼 1 350 千克，养殖单产为每平方米 35.89 千克，有效增重 54 869 千克。成品鱼全部由峡江斑点叉尾鮰加工厂收购，起水价前期为每千克 11 元，后期为每千克 10.6 元，平均价为每千克 10.9 元，总收入为 613 091 元，纯收入 141 696 元。投资利润率达到 30.05%，即每投入 1 元可收获 1.3 元，且投资周期短，平均时间不到 6 个月，每千克鱼纯利润 2.55 元。养殖全程总成活率 88.05%，增重倍数高达 21.5 倍，长得非常快。饵料系数为 1.61，每千克鱼生产成本为 8.39 元，其中苗种费用 1.51 元，占 18%；饲料费用 6.12 元，占 73%；防病费用 0.34 元，占 4%；管理费用 0.42 元，占 5%。

（四）湖南省沅江市斑点叉尾鮰网箱高产养殖试验

柳富荣等于 2006 年在湖南省沅江市蓼叶湖进行了斑点叉尾鮰网箱高产养殖试验，取得较好效果，现将试验情况总结如下。

1. 试验条件　①蓼叶湖位于沅江市郊，属垸内调蓄湖水系，通过大堤涵闸与洞庭湖相通。湖泊总面积为 80 公顷，平均水深 6 米，水底无过多淤泥和腐殖质，水质清新，透明度在 80 厘米以上，溶解氧丰富。湖泊集雨区内无工业和生活废水污染源。水体流动性小，水位相对较稳定。②网箱采用 3×3 聚乙烯网片编制，规格为 5.0 米×4.0 米×2.5 米，水下深度为 2 米，网目为 3 厘米。网箱用木作框架，铁油桶作浮子，箱底四角用水泥砣作沉子，用锚和钢索固定为浮动式。试验网箱共 20 口，呈非字形排列联为整体，箱间距 2 米。网箱在鱼种放养前 15 天安装下水，让箱体附着藻类以免擦伤鱼体。

2. 鱼种放养　斑点叉尾鮰种于 2006 年 3 月 18～25 日放养，密度为每箱 1 600 尾，体重每尾 40～50 克，另外搭配体重 50 克左右鲢、鳙鱼种，每箱 40 尾。鱼种放养前用 3‰食盐水浸泡消毒。

3. 饲料条件　饲料选用蛋白质含量 35％的膨化浮性颗粒料，粒径为 2～4 毫米。鱼种进箱后的第 2 天进行投饲驯化诱其上浮抢食。驯化时先敲击料桶形成条件反射，每天驯食 2 次，时间在 9：00 和 16：00，按"慢、快、慢"的节奏和"少、多、少"的原则掌握投饲速度与投饲量，一般经 5 天左右驯化便能使鱼形成集群上浮抢食的习惯。

4. 结果　20 口网箱放养鱼种 32 000 尾，重 1 440 千克。经 9 个月养殖，共产斑点叉尾鮰商品鱼 23 813 千克，平均个体重 784 克，单箱产量 1 190.6 千克。投入苗种费 15 840 元，折旧费 6 000 元，饲料费 127 530 元，饲料系数为 1.5，工资 10 000 元，其他 7 860 元，共计 167 230 元。网箱共计产值 238 130 元，纯利润 70 900 元，单箱平均产值为 11 906.5 元，纯利为 3 545 元，投资利润率 42％。

(五)清江库区套箱立体养殖试验

李长喜在清江库区从事水产养殖多年，2002 年自建网箱开始水产养殖。通过仔细观察，他发现平时在给斑点叉尾鮰投喂饲料时他观察到饲料碎屑纷纷沉入水中，斑点叉尾鮰的排泄物也将水弄得混浊不清，但这些东西却引来了很多天然水体中的鲢、鳙等滤食性鱼类。他尝试利用这些排泄物和饲料碎屑来养殖鲢、鳙，并于2004年10月开始了套箱立体养殖试验。

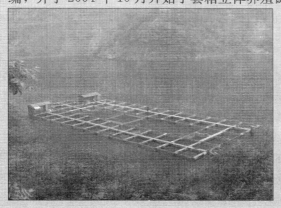

湖北省清江斑点叉尾鮰套箱立体养殖网箱

　　李长喜定做了一个10.5米×9.0米×5.0米、网目为8厘米的网箱，套在4个斑点叉尾鮰网箱下。待网箱泡软后，投放了450尾规格为每尾400克的鳙苗。投放前仔细检查了网箱是否有破损并对鱼种精心消毒。由于10月以后投食量减少，他每天少量投喂平时积攒下来的饲料碎屑给套箱内的鳙，以保持越冬时鳙的体质。他还在套箱内安装了一盏灯，夜间来吸引浮游生物，补充鳙的生物饵料。到了2005年4月后，投喂饲料时，发现网箱内的水比以前清了许多，可以清晰地看见套箱内的鳙在滤食饲料碎屑及上层网箱内鱼的排泄物，自己的试验成功了。

　　2005年12月，李长喜发现规格为每尾400克的鱼种，都长成为每尾1 500克左右的商品鱼了，成活率达到了90%以上。于是他将所有养殖斑点叉尾鮰的网箱下面都加设了套箱，投放了规格为每尾 500 克的鳙种。

2006 年 5 月，试验套箱的鱼出售了：投放的 450 尾鱼种共卖了 769 千克，由于鱼的规格都是每尾 2 千克以上，并且是池塘和水库花鲢销售告罄的时候，单价卖到了每千克 11 元，除去进鱼种的成本 1 000 元和网箱成本 800 元及其他费用 200 元，净赚了 6 549 元。而套箱可以用 4～5 年。

截至 2009 年，李长喜几年在斑点叉尾鮰网箱外套养的花鲢共赚了 8 万元（他一共只有五个试验箱规格的套箱），由于鱼的质量好，受到了客户的欢迎，呈供不应求的态势。并且因为鳙的清洁作用，上层网箱的斑点叉尾鮰病少了，节省了渔药开支，产量也提高了。

清江隔河岩库区大水面网箱集约化水产养殖发展了十多年，像李长喜采用的这种生态养殖方式目前全县普及率已达到80％。此项技术的使用很大种度上提高了网箱养殖经济效益，而且还因滤食性经济鱼类的放养，有效利用了上层网箱内鱼的排泄物中的氮、磷等营养物质和饲料碎屑，极大地减少了网箱养殖污染物的排放，实现了大水面网箱养殖产业的可持续发展。

（六）斑点叉尾鮰网箱微孔增氧高效养殖试验

习宏斌等于 2008 年在江西省峡江县幸福水库进行了斑点叉尾鮰网箱微孔增氧高效养殖试验，取得较好效果，现将试验情况总结如下。

1. 试验条件 ①试验在水域面积为 176 公顷的幸福水库进行，常年水位变动不大，平均水深 6～9 米，集雨区里绿化面积达 95％，无工业生产厂家，水质清新无污染，微流水，pH 在 6.8～7.2 之间。②试验网箱由 20 个 20 平方米的网箱组成，其中 1～10 号网箱采用微孔增氧，其余网箱作为试验对比。网箱规格为 5.0 米×4.0 米×2.5 米，每只网箱的养殖有效容积为 40 立方米，并设置了规格为 2.0 米×2.0 米×0.6 米的投饵箱。所有试验网箱呈一字形排列，便于水体交换，网箱在鱼种入前 7 天设置好。③微孔增氧设备由柴油机、罗茨鼓风机、总管、支管和圆盘曝气器组成。按 32 只网箱配置一套微孔增氧设备，增氧机用铁架固定在网箱养殖排的一端，远离网箱放置，以开机时不惊动斑点叉尾鮰活动为宜。总管采用内径 5.6 厘米、壁厚 0.5 厘米硬塑料管，总管设置在增氧机与网箱之间，与网箱平行排列，用内径 3.6 厘米的薄塑料管连接总管和钢筋圆盘曝气器，每个网箱中央底部放一个直径为 1.5 米圆盘曝气器。在生产季节，增氧机一般阴雨天 24 小时开机，晴天下半夜开机 6 小时，具体开机时间长短应视天气状况、水温、气温和水质等因素综合考虑。

2. 鱼种放养 斑点叉尾鮰种由峡江县省级斑点叉尾鮰良种场提供，选择健康、无病无伤、体色均匀一致，规格为每尾 40～50 克的冬片鱼种，于 5 月 18 日采用活鱼车运输到幸福水库，每个网箱放养 4 600 尾，鱼种进箱前用每立方水加入 10 克高锰酸钾冲氧浸浴鱼体 3 分钟，以杀灭鱼种携带的细菌和寄生虫。

3. 饲料条件 饲料选择蛋白质含量为 32% 的斑点叉尾鮰专用浮性颗粒料。鱼种进箱当天下午 3 时，每口网箱用 100 克二氧化氯化水泼洒，太阳下山前 1 小时按鱼体重 1.5% 投喂药饵，以 20 分钟吃完为准，集中一次投喂，如超过 20 分钟则捞去剩余药饵。经过两天的适应，所有鱼种均能上浮摄食。一般情况下，日投量在 4～5 月占鱼体重的 3%～4%；6～8 月占鱼体重的 5%～6%；9～10 月占鱼体重的 4%～5%。另外，每次投喂量还应根据水域水温、天气变化和鱼的摄食和活动状况合理加以调整。

4. 日常管理与防病 鱼种入箱后，经常检查网箱是否破损、滑节。每隔半个月洗刷网箱，清除附着物，防止网目堵塞影响箱内外水体的流通交换。晴天进行晒箱，提起网箱给鱼晒背2～3小时，以增强斑点叉尾鮰的体能，减少应激，充分利用太阳紫外线杀灭细菌和寄生虫。每隔20天用每立方米水0.2克巨威碘或每立方米水0.3克二氧化氯泼洒消毒。进入8月斑点叉尾鮰生长高峰，每半个月每20千克饲料添加维生素C 100克、维生素K 50克，三黄粉100克、大蒜素100克、食盐50克拌饵，以提高斑点叉尾鮰的抗病能力。坚持"无病早防、有病早治、防重于治"的原则。

5. 结果　经150天的饲养，10个试验箱共收获斑点叉尾鮰44 528尾，平均规格达尾重750克，总重33 396千克，成活率达96.8%，单产每平方米166.98千克，饲料系数1.36，10个对照箱共收获斑点叉尾鮰40 572尾，平均规格达尾重657.6克，总重26 680.15千克，成活率达88.2%，单产每平方米133.4千克，饲料系数1.5。按斑点叉尾鮰售价每千克10.4元计，10个试验网箱实现销售收入347 318.4元，扣除鱼种、饲料、折旧、渔药、增氧机燃料、管理费用等238 800元，获纯利108 518.4元，折合单位净收入每平方米542.59元，投入产出比1∶1.45。10个对照网箱实现销售收入277 473.56元，扣除鱼种、饲料、折旧、渔药、增氧机燃料、管理费用等215 550元，获纯利61 923.56元，折合单位净收入每平方米309.62元，投入产出比1∶1.29。从试验结果看，采用微孔增氧技术养殖斑点叉尾鮰，改善网箱内水体环境，减少了斑点叉尾鮰应激反应，斑点叉尾鮰规格大而整齐、病害少、品质好、增重显著。与对照组相比，试验组斑点叉尾鮰平均规格每尾增加92.4克，单产增重每平方米33.58千克，饲料系数降低了0.14，成活率提高了8.6%，每平方米经济效益提高233元。微孔增氧技术的应用解决了网箱养殖不易增氧的问题，实用性强，推广前景广阔。

第二节 斑点叉尾鮰池塘安全生产技术

斑点叉尾鮰池塘养殖一般有池塘主养和池塘套养两种模式。

一、池塘主养模式（彩图 49）

1. 池塘要求 养殖实践表明，斑点叉尾鮰养殖池塘（彩图50）一般要求为长方形，东西向，有进、排水设施，进、排水方便，水源清新无污染，池底平坦，无淤泥或淤泥较少。以沙壤土为好，池深保持 2 米左右，交通便利，通电以便配套增氧、投饵机械，面积大小没有严格要求，但一般以 3～10 亩为佳。有条件一般每 2 亩配一台 1.5 千瓦增氧机，10 亩配一台投饵机。

2. 清整消毒 鱼种放养前 15 天，先清除池塘淤泥，保持水深 6～10 厘米，每亩用生石灰 60～100 千克，进行消毒。消毒后进水 0.6～0.8 米，同时施放腐熟人畜肥或化肥肥水，然后逐渐加深池水水位。待池水中出现大量浮游生物时即可投放鱼种。

3. 鱼种放养 单养是以放养斑点叉尾鮰为主，少量搭配肥水鱼鲢、鳙以调节水质。放养密度可结合市场对斑点叉尾鮰成鱼规格的需求和计划达到的产量指标而科学确定，目前市场行情以 0.5～1.0 千克最受欢迎。计划亩产 500 千克以上，池塘可亩放规格每千克 20～30 尾的斑点叉尾鮰种 800～1 200 尾，多者可放养到 1 500 尾左右（鱼规格小可多放），另外搭配放养规格 50～100 克鲢 100～150 尾左右，鳙 20～30 尾。鱼种应体质健壮，规格整齐，体形正常，体表不充血，背部肌肉丰满，尾柄粗短，游泳活泼，溯水性强。在合理的放养密度下，养殖周期内能达到每尾 0.5～0.9 千克的上市规格。实践证明，斑点叉尾鮰池不宜套养其他吃食性鱼类，否则会影响到斑点叉尾鮰的摄食和生长。鱼种放养时间以冬放为佳，冬季水温低伤亡小，能延长鱼的适应时间增长生长期，利于鱼苗早开食、早生长，也可在秋季将大规格鱼种直接转入成鱼池养殖。所放鱼种在下池前鱼体要消毒，一般可用3%~5%的盐水在网箱或船舱中药浴5~10分钟。

4. 饵料投喂

（1）**饲料选择** 斑点叉尾鮰养殖以投喂专用的斑点叉尾鮰配合颗粒饲料为主，不宜投喂其他饲料，否则会影响到斑点叉尾鮰生长和体色。斑点叉尾鮰对饲料营养需求范围为：蛋白质32%~36%，脂肪7.0%~8.0%，碳水化合物12.5%~20.0%，纤维素12.0%~13.5%，以及必要的维生素和矿物质添加剂等。生产中建议选择品牌饲料，保证饲料质量。因斑点叉尾鮰主要为出口品种，一旦选用了不合格产品，将会出现有产量而无质量，甚至产品售不出去的被动局面，因此要选用具有出口备案的正规企业生产的斑点叉尾鮰专用颗粒料，以防造成不必要的损失。一般初期饲料蛋白质含量要求达到32%~36%。养殖中后期蛋白质含量可降至28%~30%。用这样的饲料养出的鱼不但质量达标，而且鱼的体形、颜色均好看。

（2）**投饵量** 根据放养量，鱼体增重倍数和饲料系数来确定全年的饲料量。再根据温度确定一年中各月的饲料分配计划及各月投饲量。鱼种放养初期投喂量一般为鱼体重的6%~8%，成鱼阶段为鱼体重的3%~6%。水温高时（不高于30℃）适当多投，低温、阴雨天适当少投，一般一天喂2次或3次，但总量不变，每次以半小时吃完为好。要特别注意的是斑点叉尾鮰很贪食，饲料喂多了也能吃掉，但吃多了既浪费饲料、影响生长，还会导致生病。具体投喂时还要根据水温、天气和鱼的摄食等实际情况灵活掌握投喂量。

（3）**投喂方法** 根据斑点叉尾鮰喜欢弱光摄食的习性，开始驯化摄食颗粒饲料的时间宜定在黎明和傍晚，每天2次，每次驯食时间为30分钟。驯食时边投饲料边敲击投饵机身或其他容器发出响声，使鱼形成摄食条件反射。投饵速度不宜过快，一把饲料分 5 次撒下，每次间隔 3 秒为宜，饲料落水面积控制在 1 平方米内，驯食要有耐心，切忌急躁。一般 7～10 天即可驯化成功，后每天 8：00 和 17：00 定点用投饵机投喂。投饵时要坚持"四看"、"四定"的原则，即看季节、看水质、看鱼的活动和摄食情况，四定即定时、定量、定位、定质。每次投饵要做到匀、好、足，并做好记录。

5. 日常管理

（1）巡塘　每天早晚各巡塘一次，查看水质，观察鱼情，发现问题及时处理。7～9 月，晴天中午开增氧机 1～2 小时，阴雨天晚上提早开机，下半夜开机到天明。每天要捞除池中杂草、污物、死鱼，保持池塘清洁卫生，并做好养殖记录。

（2）水质调控　斑点叉尾鮰窒息点低于"四大家鱼"，耐低氧能力相对较差，易"浮头"或"泛塘"，对水质要求较高，养殖过程中要长期保持水质"肥、活、爽"，透明度保持在 25～30 厘米。为避免养殖中、后期因池水过肥而影响水质，应采取在主养斑点叉尾鮰池塘少量搭配鲢、鳙。搭配部分鲢、鳙养殖，对斑点叉尾鮰摄食不会有影响，同时还能充分利用水体和调节水质，增产增收。整个养殖期控制溶解氧应在每千克水 4 毫克以上，pH 6.5～8.0，在水深控制上早期池水水深控制在 70～80 厘米，中、后期为 1.5 米左右，高温期为 1.6～2.0 米。当水温达到 30℃以上时每隔 5～7 天换水一次，但每次进排水不要过大，每次 10～15 厘米即可，要求先排后加，进水时进水口要加套密网袋，以防野杂鱼进池争食。水色过浓，透明度低于 25 厘米，应及时冲注新水。高温季节每隔 15～20 天，每亩泼洒生石灰 5～10 千克或使用一次微生物制剂调控水质。有条件的开增氧机增氧，尤其在养殖的中后期要经常开机，遇阴雨天气要全天开机增氧。

（3）病害防治　斑点叉尾鮰抗病力较强，全程使用斑点叉尾鮰颗粒饲料养殖的，能大大降低鱼类发病率。为防止病害发生，应贯彻以预防为主的原则:一是平时控制好水质,一般 15～20 天每亩泼洒 5～10 千克生石灰,既可防病又调节水质;二是斑点叉尾鮰为无鳞鱼,用药要注意品种、用量,因此,平时提倡少用药物,多用微生物制剂,既肥水又调节水质,还可降低药物残留,有利于提高鱼品质量;三是在养殖中、后期每 15～20 天可喂药饵 3～5 天,药饵可用大蒜素和维生素 C 拌饵做成,药饵不但可增强斑点叉尾鮰抗病力还能促进其生长;四是养殖过程中每 20～30 天进行一次全池消毒杀虫。

斑点叉尾鮰个体重达 0.50～0.75 千克之间,目前在市场和加工厂售价最好,因此在个体达 0.50 千克时即可起捕上市或送加工厂,这样既可降低池塘载鱼量,有利于存塘鱼生长,又加速了资金周转。

二、池塘套养模式

(一)斑点叉尾鮰池塘套养技术

池塘套养即在主养其他鱼类的成鱼塘中混养少量斑点叉尾鮰,一般每亩放养 15 克重的斑点叉尾斑点叉尾鮰苗 100～200 尾,在不影响成鱼生长及产量的前提下,又可增产斑点叉尾鮰约 100 千克。套养对象有鲢、鳙、罗非鱼、团头鲂、赤眼鳟和大口黑鲈等。在生产中最常见的是和滤食性鱼类套养,这样套养有多重意义:能充分地利用水体空间,增加鱼的总产量;在养殖系统内有大量的滤食性鱼类,可帮助去除不需要的、能引起斑点叉尾鮰肉质产生异味的浮游植物;浮游植物中的成熟个体不断被滤食掉,能使其种群保持稳定,始终处于快速生长状态,从而更多地利用水中营养物质并提供氧气。美国奥本大学研究发现,斑点叉尾鮰和罗非鱼适量套养,其产量较单养斑点叉尾鮰明显上升。大口黑鲈(彩图 51)鱼种也可与斑点叉尾鮰套养,但大口黑鲈的规格不能太大,建议以不能直接摄食斑点叉尾鮰种为准(大口黑鲈近 500 克时，斑点叉尾斑点叉尾鲴种体长应大于 20 厘米才安全）。由于斑点叉尾鲴抢食的能力不太强，因此切忌与食性相近的鱼类，如鲤、鲫、草鱼等套养。另外，斑点叉尾鲴对水质和溶解氧的要求相对较高，所以水质过肥或成鱼经常缺氧"浮头"的成鱼池，不宜套养斑点叉尾鲴。

（二）赤眼鳟主养池套养斑点叉尾鲴

赤眼鳟（彩图 52）主养池套养斑点叉尾鲴是一种值得推荐的好模式，基本情况如下：

1. 池塘条件　养殖池面积为 3～6 亩，长方形，池深为 2.5 米左右，池底淤泥 20 厘米左右，环境安静，水源充足，水质良好，无污染，有完整的进排、水及增氧设施。

2. 苗种放养　在 2 月中旬排干池水，鱼亩用 50～75 千克生石灰进行清塘消毒，消毒后一周过滤进水至水深 1.2 米，再施肥培肥水质。3 月初水中出现大量浮游生物，此时可每亩放养规格为 14 厘米、尾重为 30 克左右的赤眼鳟鱼种 1 000～1 400 尾，放养规格为 15 厘米、尾重为 30 克左右的斑点叉尾鲴种 150～250 尾，同时配放规格为 100 克左右的鲢、鳙各 40～60 尾，12 厘米左右的细鳞斜颌鲴 40～60 尾，放养前用 3% 的食盐水消毒鱼体。细鳞斜颌鲴可吃食水里的有机碎屑、残饵、腐殖质及附生的藻类，从而净化水质，改善水体环境，在不增加成本的情况下，提高池塘效益。

3. 饲料投喂　可统一使用粗蛋白质含量 30% 的通用型精养鱼配合浮性饲料投喂。每天上午、下午各投喂 1 次，投喂量为池塘鱼体重的 3%～6%，具体投喂量以投喂后 20 分钟基本吃完为准，实行定点投喂。赤眼鳟和斑点叉尾鲴都具有集群摄食的特点，一般一周即可驯化到位。除了每天投喂浮性颗粒饲料外，结合赤眼鳟喜食青绿饲料的食性特点，在池塘中保持一定浮萍或每天适量投放，以满足赤眼鳟对青绿饲料的需求。从投饵时鱼的吃食情况看，赤眼鳟不如斑点叉尾鲴抢食凶猛，尤其是个体较大时更为明显，因此投饵时应分成两个投喂点，且投食范围相对大些。

4. 水质管理 池水透明度基本控制在 25～30 厘米，做到水质爽活清新，从 4 月开始逐步加注新水提高水位，高温季节达到 2 米左右。4～9 月每 10～15 天加注新水 1 次，每次 5～10 厘米，并加强水体环境的管理，清除池边杂草残饵，保持食场卫生。高温季节闷热天气，中午可开启增氧机 1～2 小时。

5. 病害防治 鱼种下塘时，用 3% 食盐水浸洗，浸洗时间视鱼种忍受程度而定。5～9 月，每隔 15～25 天在饲料中添加适量三黄粉及保肝药物进行内服预防。每期投药饵 3 天左右，减少病害的发生，当鱼病发生时要通过镜检等手段准确诊断，防止盲目用药。在斑点叉尾鲴病害中以车轮虫病和出血病发生概率最大，危害最大。前者采用每立方米水体加硫酸铜、硫酸亚铁合剂（5∶2）0.7 克全池泼洒，效果明显；后者除外用，还需内服药物，外用二氧化氯、溴氯海因等水体消毒剂按常规增加 20% 的剂量全池泼洒；内服肠炎灵®、鱼血康®，按常规量连服 5～7 天，基本上 1～2 个疗程即可控制病情。

斑点叉尾鲴池塘养殖生产实例

（一）赤眼鳟高效混养斑点叉尾鲴和青虾

2005 年钱华等在江苏省泰兴市进行了赤眼鳟高效混养斑点叉尾鲴和青虾试验，取得了较好的试验效果。现将试验情况总结如下。

1. 试验条件 池塘一口，呈长方形，东西走向，面积为 3 亩，池深为 2.5 米，底泥为 13～15 厘米，坡度为 1∶2.5。池塘进、排水方便，水源为清洁的长江水，水质良好无污染，池塘配有 1.5 千瓦叶轮式增氧机 1 台，自动投饵机 1 台，15.24

厘米口径潜水泵1台。

2. 苗种放养 清塘消毒后于元月8日投放赤眼鳟鱼种，鱼种规格为28.5克/尾，体长为13~15厘米，共放养赤眼鳟2 700尾，密度为每亩900尾，同时共套放斑点叉尾鮰160尾，共搭配放养规格为每尾50~100克的鲢、鳙300尾，鱼种放养前用4%的食盐水溶液浸溶鱼体10分钟。6月10日共套放青虾苗4万只。

3. 饲养管理 采用人工配合颗粒饲料与青绿饲料组合投喂技术进行喂养。人工配合颗粒饲料采用嘉吉公司生产的5171号和5172号沉性料，并首次应用投饵机进行投喂，无需搭建食台，在投喂前敲打瓷盘，使鱼类形成摄食条件反射，以培养赤眼鳟集群上浮抢食的食性。人工驯食成功以后，实行"四定"投饵原则，前1个月使用5171号料，以后使用5172号料，日投喂2次，投喂时间为8:30—9:30，15:30—16:30。投喂量以赤眼鳟和斑点叉尾鮰30分钟之内吃完为度，同时要根据天气、水质、鱼体活动情况和实际摄食情况灵活掌握。青绿饲料采用在池塘一角栏养浮萍的方法，供赤眼鳟摄食，以均衡营养，促进生长。养殖过程中注意水质调节及病害防治工作。

4. 结果 从10月上旬开始拉网起捕，至2006年元月中旬清塘结束，共生产出鱼虾1 548.3千克，其中赤眼鳟1 126千克，亩产375千克；斑点叉尾鮰90千克，亩产30千克；鲢、鳙285千克，亩产95千克；青虾47.3千克，亩产15.8千克。试验总收入23 231元，其中赤眼鳟产值19 142元，斑点叉尾鮰产值1 530元，鲢、鳙产值1 140元，青虾产值1 419元。总纯利13 896元，平均亩赢利4 632元，投入产出比为1∶2.49。

（二）斑点叉尾鮰的池塘高效养殖试验

邢志伟等于2005年在南京市六合区龙袍镇万亩特种水产

养殖基地进行了斑点叉尾鮰的池塘高效养殖试验，取得了不错的经济效益，现将试验情况总结如下。

1. 试验条件 选择龙袍镇万亩特种水产养殖基地南区两个池塘共16亩。池塘水深为1.6～2.0米，水源充足，水质清新无污染，进排水方便。每个池塘各配备3.0千瓦增氧机1台，2.2千瓦潜水电泵1台。

2. 鱼种放养 亩放40克/尾的斑点叉尾鮰种1 100尾。要求规格整齐、体表无伤、体格健壮。鱼种下塘前用5%的食盐水浸泡5～10分钟。每亩搭配放养鲢50尾、鳙30尾、鳜8尾。

3. 饲养管理 选用颗粒饲料，养殖前期蛋白质含量为30%～35%，中、后期蛋白质含量可降至25%～28%。投饲量前期为鱼体重的3%～4%，个体重达500克后为2%～3%。驯食7～10天后用投饲机定时、定点投喂。当鱼个体达250克后，晴天中午开启增氧机1小时左右，及时加注新水，使每晚21：00至次日5：00有微流水通过池塘，以保证池水溶解氧。定期泼洒生石灰，既调节水质又消毒杀菌。养殖中、后期，每半个月投喂药饵3～5天，药饵用大蒜素和维生素C制成。

4. 结果 自10月1日第一次起捕到年底干塘。共计生产成鱼12 920.5千克，其中：斑点叉尾鮰10 870千克，亩均679.4千克；鲢、鳙1 980千克，亩均123.7千克；鳜70.5千克，亩均4.4千克。生产期共投喂颗粒饲料19 570千克。总产值144 840元，净利润44 810元，亩均利润2 800元。投入产出比1∶1.45。

（三）斑点叉尾鮰的池塘混养

李为义于2006年在潜江广华监狱周叽养殖场进行斑点叉尾鮰池塘混养试验，池塘面积为4亩，水深为2.2米，配备

2.2 千瓦增氧机，先将具体情况列为表 7-1。

表 7-1　潜江市斑点叉尾鮰池塘混养试验

品种	规格	鱼种投放			成鱼销售		
		数量/尾	重量/千克	苗种费用/元	规格/（千克/尾）	重量/千克	金额/元
鲢	6 尾/千克	1 230	205	530	1.1	1 350	3 500
鳙	14 尾/千克	250	18.75	75	1.0	250	1 000
鮰	18 尾/千克	3 490	194	2 328	0.75	2 300	22 080
鳊	20 尾/千克	400	140		0.65	260	1 800
鲫	40 尾/千克	4 000	100	600	0.08	300	1 200
草鱼	0.1 千克/尾	20	2	16	1.75	8.75	50
青鱼	0.1 千克/尾	5	0.5	6	2.0	10.0	80
合计		5 795	540.25	4 955		4 478.75	29 710

养殖结果分析：①养殖期间合计投喂饲料 4.4 吨，其中海大®806#3.0 吨、海龙®918#1.0 吨、海龙®916#0.4 吨；优质鱼总产量为 2 878.75 千克，优质鱼净产量为 2 562.25 千克；饵料系数为 1.72。②饲料支出为 13 650 元，药物支出为 450 元，塘租支出为 2 000 元，其他支出约 1 000 元，苗种支出为 4 955 元，合计支出 22 055 元，净利润为 7 655 元。③鲫数量太多，而且规格偏小，影响了起捕规格和销售价格，建议在每亩 50～80 尾。④增加黄颡鱼的放养，每亩 200 尾左右，效益会非常明显。

（四）以南美白对虾为主套养斑点叉尾鮰

胡伟国等于 2006 年在上海市奉贤区奉城镇农业园区进行了以南美白对虾为主套养斑点叉尾鮰混养试验，取得了良好的效果：

1. 试验条件　选择位于奉城镇农业园区的 6 口池塘，分别为 1～6 号，每口 10 亩，共 60 亩。池塘均东西走向，最高水深在 1.8 米以上，水源充足良好、少淤泥、底平，每只池塘配有 1.5 千瓦增氧机各 3 台。池塘曝晒后于 4 月初每亩用生石灰清塘，后每亩施发酵的有机肥（鸡粪）200 千克培育水质。

2. 种苗放养 5 月 2 日，6 口池塘中放入 0.8～1.0 厘米的南美白对虾（凡纳滨对虾）苗种 480 万尾（按每亩 8 万尾放养）。5 月 30 日运进规格为每千克 50 尾斑点叉尾鮰种 5 400 尾，1 号、2 号池每亩放 30 尾，3 号、4 号池每亩放 80 尾，5 号、6 号池每亩放 160 尾。

3. 饲养管理 ①饲料投喂。全程投喂南美白对虾人工配合饲料，不需要对斑点叉尾鮰投专用鱼料。放苗 1 星期后开始投喂，日投喂 3～4 次后日投喂 2 次，以 1.0～1.5 小时吃完为宜。日投喂量根据池水水质、虾苗摄食、水温及当日天气等情况灵活掌握，前、中、后期日投喂量约为虾苗总体重的 7%～8%、5%～6%、3%～4%。②水质管理。鱼、虾放养初期水位在 1 米左右，以后逐渐加水，高温季节加满池水，加水以少量多次为宜。在饲养中后期根据池水水质、鱼虾的生长等情况随时换水，换水量控制在 10 厘米内，以维持池塘水质相对稳定。养殖中后期每半个月使用 1 次水质改良剂，水体透明度保持在 25～30 厘米，中、后期晴天中午及每天后半夜及时开启增氧机。③日常管理。坚持每天早、中、晚 3 次巡塘。一是测记水温、溶解氧、pH 等并观察水色变化，判断水质优劣，维持正常水位；二是检查虾苗摄食、游动等情况；三是检查增氧机的运转情况；四是检查是否发生虾病，力求做到早发现、早治疗；五是每隔 10 天随机抽样 20～30 尾虾苗进行生物学测定，以便掌握虾苗的生长速度、存活率，确定饲料投喂量。

4. 结果　从 5 月初养到 8 月中旬开始捕大留小，再到 10 月底售完，共售虾 31 230 千克，收入 64.272 万元，纯利润 25.395 万元，其中斑点叉尾鲴 2 680 千克，收入 3.216 万元，纯利润 1.053 万元。鱼、虾总收入 67.488 万元，总纯利润 26.448 万元。

（五）赤眼鳟混养鲢、鳙和斑点叉尾鲴

2006 年江苏省泰兴市天邦水产有限公司的顾元俊、吴德才在面积 3 亩的养殖池内放养规格 14 厘米、尾重 30 克左右的赤眼鳟鱼种 3 600 尾，放养规格 1 厘米、尾重 30 克左右的斑点叉尾鲴种 600 尾，同时配放规格 100 克左右的鲢、鳙各 150 尾，放养前用 3‰ 的食盐水消毒鱼体。使用的饲料统一为通用型精养鱼配合浮性饲料，粗蛋白质含量 30%。每天上午、下午各投喂一次，投喂量为池塘鱼体重的 3%～6%。除了每天投喂浮性颗粒饲料外，在池塘中保持一定浮萍或每天适量投放浮萍，以满足赤眼鳟对青绿饲料的需求。

养殖期间注重水质调节和鱼病防治，定期加水、换水，使用增氧机和微生态制剂改善水质，对鱼病做到及时发现，对症治疗，取得了良好的防治效果。整个养殖期间仅在 7 月 6 日出现一次锚头鳋寄生性病害，先后使用阿维杀特®、氯杀宁®两次进行治疗，效果很好。

10 月 26 日拉网起捕上市，干塘见底，共产成鱼 2 069 千克，亩产 689 千克，其中收获赤眼鳟 3 504 尾，产量 1 345 千克，亩产 448 千克；斑点叉尾鲴 590 尾，产量 452 千克，亩产 150 千克；鲢、鳙 295 尾，产量 272 千克，亩产 91 千克。总产值 33 663 元，总成本 18 129 元，其中饲料 11 829 元，苗种费 3 720 元，塘租 1 350 元，水电费 680 元，其他杂支 550 元，总效益 15 534 元，亩均效益 5 178 元。

第三节　斑点叉尾鮰小型湖泊安全生产技术

在小型湖泊较多的地区，采用合理的模式养殖斑点叉尾鮰，能创造良好的经济效益和生态效益。

一、水域选择

应选择水位落差不大的小型湖泊。水域要求无污染，环境较清静，水底平坦，水草丰富，淤泥层厚 20～40 厘米，水深 2～4 米。

二、鱼种投放

为了做到当年上市，鱼种规格最好为每尾 60～100 克。一般尾重 80 克的斑点叉尾鮰，每亩放养量为 500～800 尾，以冬季放养为好。放养前用 3% 的食盐水浸泡 10 分钟。在投入斑点叉尾鮰种苗前，选择体质健壮、规格整齐的大规格"四大家鱼"鱼种以及鲫进行搭配混养。

三、饵料投喂

斑点叉尾斑点叉尾鮰苗下水 2 天后开始投喂饲料，最好采用叉尾鮰膨化浮水性配合饲料，粒径和投饵量随着鱼体的增重合理调整，按照"四定"原则进行投喂，确保其适口、量足。采用膨化浮性饲料投喂，可大大提高饲料利用率，减少对水面的污染，同时可规避斑点叉尾鮰到湖底觅食，减少与底泥接触，从而提高产品品质。

四、鱼病防治

苗种投放前，采用每千克水加聚维酮碘 2 毫克对苗种药浴 2 小时，防止苗种因运输及机械损伤而引发细菌性疾病。在鱼病多发季节，每隔 15 天采用氯制剂、碘制剂在饵料台周围挂袋，不定期采用三黄粉等内服剂按每千克饵料加 5 克拌饵投喂，预防病虫害发生。每月施一次生石灰，以改善水质，调节 pH，并增加水体钙离子含量，生石灰用量为每亩 10 千克，注意施生石灰与挂药袋日期必须错开。

五、日常管理

每天观测鱼的摄食、活动情况，并做好饲料、渔药用量记录，一经发现不良状况及时采取处理措施。加强汛期防洪安全管理和做好溢洪、泄水灌溉防逃工作。

小型湖泊养殖斑点叉尾鮰生产实例

2007 年江西省的包松茂等人在鄱阳县白沙洲乡芦依塘的小型湖泊养殖斑点叉尾鮰，取得了较好效果，现将养殖情况总结如下：

1. 养殖条件　该湖泊常年水位面积 580 亩，平均水深 1 米，湖周围多丘陵低山，外源性营养少，水质较瘦，水体透明度为 100 厘米左右，水质呈弱酸性。

2. 苗种放养　2007 年元月下旬，在当地收购体质健壮、规格整齐的 2 龄鲢、鳙鱼种进行搭配混养。斑点叉尾鮰种苗是采用江西省珠湖水产有限公司古南种苗基地培育的冬片，平均规格每千克 24.6 尾，于当年 4 月中旬投放，具体放养情况见

表7-2。

表7-2　鱼种投放情况

时间	品种	鱼种规格/ (尾/千克)	总放养殖/尾	平均每亩放 养量/尾
1月4日至 1月20日	鲢	1.6~2.4	1 0440	18.0
	鳙	1.4~2.0	12 760	22.0
	彭泽鲫	31.4	15 080	26.0
	青鱼	10.0	1 798	3.1
4月12日至 4月18日	斑点叉尾鮰	12.3	378 160	652.0

3. 饲料管理　斑点叉尾鮰苗下水3天后开始投喂饲料，采用江西省渔翔科技饲料有限公司生产的叉尾鮰膨化浮水性配合饲料，按照"四定"原则进行投喂。养殖期间定期采用生石灰、氯制剂、三黄粉等药物防治疾病。

4. 结果　经过近8个月的饲养，共投放膨化饲料256吨，于2007年11~12月采取先拉网围捕、后干湖捕捞，共起捕鲜鱼222 714千克，总产值1 882 664.8元，平均亩产值3 246元；纯利润416 304.8元，亩均纯利润717.8元。

第四节　斑点叉尾鮰湖泊网拦安全生产技术

在湖泊等大水面围拦养殖（彩图53）斑点叉尾鮰，既能规避网箱集约化养殖暴发性鱼病风险和池塘、湖泊精养泥腥味严重，又不影响出口产品质量，因此是一种适合在多湖泊地区推广的养殖模式。现将湖泊围拦养殖斑点叉尾鮰技术介绍如下。

一、水域选择

应选择水位落差不大的湖泊或水库，用网片围拦出一定面积的水域养鱼。网拦的水域要求无污染，有微流水，环境较清静，过往船只少，距岸边 20～40 米，水底平坦，淤泥层厚 20～40 厘米，水深 2～4 米。网拦水域的面积一般在 10 公顷以内，太大了不易管理。最好选择三面为山坡、较为平整的湖汊，这样拦截的水面小、容量大，可节省网片。

二、拦网设置

拦网由内、外两层网片组成，均用 2×2 的聚乙烯网片。内层网目为 3 厘米，外层网目为 6 厘米。网片要高出水面 1 米以上，网架为毛竹或杉木，以石笼作沉子，底纲要埋入底泥中。围网设置安装拦网用聚乙烯网片。一般网目为 3.5～4.5 厘米，每隔 3～5 米设 1 根毛竹或木桩支撑网片。各桩都要夯入地下 40 厘米以上，网片底部用石笼相连，并将石笼埋入淤泥中，以防底部逃鱼。

三、鱼种投放

鱼种规格一般为每尾 60～100 克，鱼种越大成活率越高。一般尾重为 80 克的斑点叉尾鮰，每亩放养量为 500～1 000 尾，以冬季放养为好。放养前用 3% 的食盐水浸泡 10 分钟。在投入斑点叉尾鮰种苗前，选择体质健壮、规格整齐的大规格"四大家鱼"鱼种进行搭配混养。

四、饵料投喂

为提高养鱼效益，在网拦养鱼中应使用浮性颗粒饲料。驯食鱼类，使鱼浮到水面上摄食。一般 3～4 天可驯食成功，有条件的可设置自动投饵机。饵料投喂要坚持"四定"原则，日投饵量为 2.5%～4.5%，以投后 1.0～1.5 小时内吃完为准，每日投 2～3 次。前期采用小颗粒少量投喂，随着鱼体增长，逐步增大饵料粒径，加大日投喂量，满足其适口、适量生长需要。

五、鱼病防治

在 5～9 月鱼病多发季节，每隔 15 天采用氯制剂、碘制剂在饵料台周围挂袋，不定期采用三黄粉等内服剂按每千克饲料加 5 克拌饵投喂，预防病虫害发生。每月施生石灰 1 次，以改善水质，调节 pH，增加水体钙离子含量，生石灰用量为每亩 10 千克，注意与挂药袋日期错开。

六、日常管理

每天观察鱼的摄食活动情况，并作好记录，一经发现不良状况，及时采取处理措施。定期检查拦网，清除杂物，防止水老鼠咬破网片，一旦发现网底破损，做到及时缝补，防止逃鱼、鸟类食鱼及偷鱼等现象。

湖泊网拦养殖斑点叉尾鮰生产实例

2006 年江西省上饶市的程国华等在鄱阳县 8 万亩的内珠湖进行湖泊网拦养殖斑点叉尾鮰，取得了较好的经济效益，现将养殖情况总结如下：

1. 养殖条件　围拦水面为内珠湖的一个湖汊，三面为低丘地，一面与珠湖大水面相通，常年水位面积 200 亩，平均水深 1 米左右，深水区达 5 米。湖岸线较平直，消落区长，底质为黄泥底，水体透明度为 100 厘米左右，水质呈弱酸性，采用聚乙烯网片进行双层网拦，双层网拦距离相差 10 米，内密外稀，网目分别为 2.0 厘米和 3.5 厘米。

2. 鱼种放养　4 月 1 日至 4 月 10 日，从湖北省仙桃市运进斑点叉尾鲴种苗 6 053 千克，平均规格为每千克 27 尾，投放苗种总尾数 16 3431 尾。在投入斑点叉尾鲴种苗前，选择体质健壮、规格整齐的大规格"四大家鱼"鱼种进行搭配混养。具体投放情况见表 7-3。

表 7-3　鱼种投放情况

时间	品种	鱼种规格/（尾/千克）	总放养殖/尾	平均每亩放养量/尾
2 月 12 日	鲢	14	700	3.5
	鳙	14	1 400	7.0
	草鱼	12	7 200	36.0
	青鱼	10	600	3.0
4 月 1 日至 4 月 10 日	斑点叉尾鲴	27	163 431	817.15

3. 饲养管理　养殖期间采用全价配合饲料投喂，日投饵量 2.5%～4.5%，以 1 小时内吃完为准；定期使用药物防治鱼病。

4. 结果　经过近 8 个月的饲养，共投放颗粒饲料 112 吨，于 2006 年 11～12 月分 3 次捕捞，共起捕鲜鱼 61 471.5 千克，其中斑点叉尾鲴 53 241.5 千克；总产值 583 799.9 元，平均亩产值 2 919 元；纯收入 154 349.5 元，平均亩纯利润 771.75 元。

斑点叉尾鮰病害的
防治技术

第一节 发病原因

鱼类与所有的生物一样,与环境和谐统一则健康成长,繁衍后代。当环境发生变化或鱼类机体发生某些变化而不能适应环境,就会引起鱼类疾病。鱼类疾病是机体和外界环境因素相互作用的结果。因此,疾病是机体对来自内外环境的致病因素表现出复杂变化的过程,而这一过程又比较集中地表现于某些器官或局部组织的形态结构、功能和物质代谢的变化上,这些变化称为病理变化。病理变化可以向两个方向发展,当致病因素作用于机体,引起机体新陈代谢紊乱,扰乱了正常的生命活动称为疾病,如果致病作用占优势,疾病就向加重和恶化方向发展,甚至引起死亡;当机体抵抗致病因素的致病作用,且抵抗占优势时,就不发病或疾病就向痊愈和恢复方向转化。

一、引起鱼类疾病的环境因素

引起鱼类疾病的环境因素主要有生物因素、水的理化因素和人为因素3个方面。

(一)生物因素

常见的鱼类疾病中,绝大多数是由各种生物传染或侵袭机体而致病。使鱼类致病的生物，通称为病原体。鱼类疾病病原体包括病毒、细菌、真菌、原生动物、单殖吸虫、复殖吸虫、绦虫、棘头虫、线虫和甲壳动物等，其中病毒、细菌和真菌等都是微生物性病原体，由它们所引起的疾病称之为传染性疾病或微生物病；而原生动物、单殖吸虫、复殖吸虫、绦虫、棘头虫、线虫和甲壳动物等是动物性病原体，在它们生活史中全部或部分营寄生生活，破坏宿主细胞、组织和器官，吸取宿主营养，因而称之为寄生虫，由它们引起的疾病称之为侵袭性疾病或寄生虫病；此外，还有些动植物直接危害水产养殖动物，如水鼠、水鸟、水蛇、凶猛鱼类和藻类等，统称为敌害。

（二）水的理化因素

水是水产养殖动物最基本的生活环境。水的理化因子如水温、溶解氧、pH、盐度、光照、水流、化学成分及有毒物质对鱼类生活影响极大。当这些因子变化速度过快或变化幅度过大，鱼类应激反应强烈，超过机体允许的限度，无法适应而引起疾病。

1. 水温　鱼类基本上都是变温动物，体温随外界环境变化而变化，且变化是渐进式的，不能急剧升降。当水温变化迅速或变幅过大时，机体不易适应引起代谢紊乱而发生病理变化，产生疾病。如鱼类在不同的发育阶段，对水温的适应力有所不同，鱼种和成鱼在换水、分塘和运输等操作过程中，要求环境水温变化相差不过5℃，鱼苗不超过2℃，否则就会引起强烈的应激反应，发生疾病甚至死亡。

各种鱼类均有其生长、繁殖的适宜水温和生存的上、下限温度。如罗非鱼为热带鱼类，其生长的适宜温度为16～37℃，最适宜的水温为24～32℃，能耐受高温上限为40℃左右，耐受低温下限为8～10℃，高于或低于上下限水温即死亡，若长期生活在13℃的水中，就会引起皮肤冻伤，产生病变，并陆续死亡。

虹鳟是冷水性鱼类，其生长的适宜水温为 12～18℃，最适水温为 16～18℃，水温升高到 24～25℃时即死亡。我国"四大家鱼"属温水性鱼类，其生长最适水温为 25～28℃，水温低于 0.5～1.0℃或高于 36℃即死亡。此外，各种病原生物在适宜水温条件下，生长迅速，繁殖加快，使鱼类严重发病甚至暴发性地发生疾病，如病毒性草鱼出血病，在水温 27℃以上最为流行，水温 25℃以下病情逐渐缓解。

2. 溶解氧　水体溶解氧对鱼类的生存、生长、繁殖及对疾病的抵抗力都有重大的影响。当水体中溶解氧高时，鱼类摄食强度大，消化率高，生命力旺盛，生长速度快，对疾病的抵抗力强；当水体溶解氧低时，鱼类摄食强度小，消化率低，残剩饵料及未消化完全的粪便污染水质，长期生活在此环境中，体质瘦弱，生长缓慢，易产生疾病。

从水产养殖角度来看，水体溶解氧在每千克水体 5 毫克以上为正常范围，有利于水产养殖动物生存、生活、生长和繁殖；若水体溶解氧降到每千克水体 3 毫克时，属警戒浓度，此时水质恶化；溶解氧进一步下降到每千克水体 1.5 毫克以下时，鱼类则开始浮头，此时若不采取措施，增加溶解氧，任其进一步恶化，鱼类便会因窒息而死亡。当然，水体溶解氧过饱和，气泡会进入鱼类苗种体内，如肠道、血管等处，阻塞血液循环，使苗种漂浮于水面，失去平衡，严重时会导致大量死亡。

3. pH　各种鱼类对 pH 有不同的适应范围，但一般都偏中性或微碱性，如传统养殖的"四大家鱼"等品种，最适宜的 pH 为 7.0～8.5，pH 低于 4.2 或高于 10.4，很快就会死亡。鱼类长期生活在偏酸或偏碱的水体中，生长不良，体质变弱，易感染疾病。如鱼类在酸性水中，血液的 pH 也会下降，使血液偏酸性，血液载氧能力降低，致使血液中氧分压降低，即使水体溶解氧高，鱼类也会出现缺氧症状，引起"浮头"，并易被嗜酸卵甲藻感染而患打粉病。在碱性水体中，鱼类的皮肤和鳃长期受刺激，使组织蛋白发生玻璃样变性。

水体 pH 的高低，还会影响水体有毒或有害物质的存在。水中的分子氨（NH_3）和离子铵（NH_4^+）在水中的比例与 pH 的高低有密切关系，分子氨（NH_3）对鱼虾等鱼类有毒，而离子铵（NH_4^+）是营养盐，无毒。但当 pH 高时，分子氨比例增大，对鱼虾等鱼类毒性增强；当 pH 低时，离子氨的比例增大，对鱼虾等鱼类毒性降低。又如，硫化氢（H_2S）对鱼虾等鱼类也有很强的毒性，硫化氢在碱性水体中可离解为无毒的 HS^-，而在酸性水体中，硫化氢的比例大，毒性强。

4. 盐度　海水中盐类组成比较恒定，一般测定氯离子的含量即可换算盐的总量。淡水和内陆咸水盐类组成多样化，不能从氯离子的含量换算总盐度，一般是按每升水所含阴离子和阳离子的总量来计算含盐量或盐度。不同的鱼类对盐度有一定的适应范围，海水动物适应海水，淡水动物适应淡水，洄游性种类在其生命周期不同的发育阶段能适应淡水和海水，这与机体调节渗透压有关。从养殖角度来看，盐度过高、过低均会影响到鱼类的抗病力，特别是在盐度突变时，机体不能立即适应，往往导致鱼类疾病和死亡。

5. 水体化学成分和有毒物质　水体化学成分和有毒物质会影响到鱼类的生长和生存，当其含量超过一定指标时，会引起鱼类的生长不良或引起疾病的发生，甚至会引起死亡。在养殖水体中，由于放养密度大，投饵量多，饵料残渣及粪便等有机质大量沉积在水底，经细菌的分解作用，消耗大量的溶解氧，并在缺氧的情况下出现无氧酵解，产生大量的中间产物，如硫化氢、氨、甲烷等有害物质，造成自身污染，危害养殖动物。除养殖水体自身污染外，外来污染更为严重，来自矿山、工厂和农田等的排水，含有重金属离子，如汞、铅、镉、锌、镍等和其他有毒物质，如氰化物、硫化物、酚类、多氯联苯等，这些有毒物质均能使水产养殖动物慢性或急性中毒，严重时引起大批死亡。

（三）人为因素

在养殖生产过程中，或因管理不善，或因操作不当等人为因素的作用，均有损于鱼类机体的健康，导致疾病的发生和流行，甚至引起死亡。

1. 放养密度不当和混养比例不合理 放养密度过大，必然要增加投饵量，残剩饲料及大量粪便分解耗氧以及高密度鱼类呼吸耗氧极易造成水体缺氧。在低氧环境下，饵料消化吸收率降低，饵料利用率下降，未消化完全的饵料随粪便排入水中，致使溶解氧进一步降低，水质恶化，为疾病的流行创造了条件。混养比例不合理，鱼类之间不能互利共生，以致部分品种饵料不足、营养不良，养殖的各品种生长快慢不均，大小悬殊，瘦小的个体抗病力弱，也是引起鱼类疾病的重要原因。

2. 饲养管理不当 饵料是鱼类生活、生长所必需的营养，不论是人工饵料，还是天然饵料都应保证一定的数量，充分供给，否则鱼类正常的生理机能活动就会因能量不够而不能维持，生长停滞，产生萎瘪病。如果投喂不清洁或变质的饵料，容易引起肠炎、肝坏死等疾病，投喂带有寄生虫卵的饵料，会使鱼类易患寄生虫病，投喂营养价值不高的饵料，会使鱼类因营养不全而产生营养缺乏症，机体瘦弱，抗病力低。施肥培育天然饵料，因施肥的数量、种类、时间和处理方法不当，也会产生不同的危害，如炎热的夏季投放过多未经发酵的有机肥，又长期不换水，不加注新水，易使水质恶化，产生大量的有毒气体，病原微生物滋生，从而引发疾病。

3. 机械损伤 在拉网、分塘、催产和运输过程中，常因操作不当或使用工具不适宜，给水产养殖动物造成不同程度的损伤，如鳞片脱落、皮肤擦伤、附肢折断和骨骼受损等，水体中的细菌、霉菌或寄生虫等病原乘虚而入，引发疾病。

二、影响鱼类疾病的条件

疾病的发生都有一定的原因和条件，有了致病的因素，但不一定就能发生疾病，疾病是否发生，与条件有很大的关系。影响鱼类疾病发生的条件，包括鱼类机体本身和外界环境两方面。机体本身条件是指鱼类机体抗病力的种类、年龄、性别、健康状况和抵抗力等，如草鱼、青鱼患肠炎病时，同池的鲢、鳙不发病；草鱼鱼种受隐鞭虫侵袭易患病，而同池的鲢、鳙鱼种即使被该虫大量侵袭，也不发病；白头白嘴病一般是体长5厘米以下的草鱼发生，超过此长度的草鱼一般不发这种病；某种疾病流行时，并非整池同种类、同规格的个体都发病，而是有的因病重而死亡，有的患病轻微而逐渐痊愈，有的则根本不患病，这与机体健康状况和内在抵抗力有关。外界环境主要包括气候、水质、饲养管理和生物区系等，如双穴吸虫病的发生，生物区系中必须有锥实螺和鸥鸟，因为它们分别是双穴吸虫的中间宿主和终宿主。

第二节　病害防治的基本原则与措施

疾病预防是水产养殖工作中的重要环节，是提高水产动物增养殖产量及经济效益的根本保证。多年来的实践证明，只有贯彻"全面预防、积极治疗"的方针，采取"无病先防、有病早治"的基本原则，才能减少或避免疾病的发生，这是由水产动物疾病的特点所决定的。水产动物生活在水中，平时难以观察，一旦生病，很难对其进行及时和正确的诊断。当发现动物机体开始死亡时，病情已非常严重。其次，在针对水产动物疾病治疗时，给药困难。在生产中通常采用的全池泼洒法和口服法等都是对养殖动物群体用药，而不是针对生病个体用药，因此，效果较差。另外，水产动物患病后，大多食欲减退或失去食欲，更难通过口服药物治疗，即使使用外用药物，较大水体很难实施。因此，在水产动物疾病防治工作中，必须坚持以防为主，积极开展健康养殖，注意控制和消灭病原，通过免疫预防和生物预防等综合措施，减少或避免疾病的发生。

一、采用健康养殖模式

健康养殖是指根据养殖对象正常活动、生长、繁殖所需的生理、生态要求，选择科学的养殖模式，将养殖动物通过系统的规范化管理技术，使其在人为控制生态环境下健康快速生长。现行的水产养殖技术多从追求产量和经济效益出发，结果非但达不到所追求的高产高效，反而造成了自身养殖环境的恶化和疾病的流行，影响了养殖产量和经济效益，同时还对自然环境产生了不良的影响。可持续性的健康养殖应当是健康的苗种培育、放养密度合理、投入和产量水平适中，通过养殖系统内部的废弃物的循环再利用，达到对各种资源的最佳利用，最大限度地减少养殖过程中废弃物的产生，避免疾病的流行。在取得理想的养殖效果和经济效益的同时，达到最佳的环境生态效益。

（一）养殖设施

养殖设施是开展健康养殖的重要物质基础。养殖设施的结构和设计，在很大程度上影响水产养殖效果和环境生态效益。我国的水产养殖设施，尤其是作为最主要养殖方式的池塘基本上沿袭了传统养殖方式中的结构和布局，仅具有提供养殖动物生长空间和基本的进排水功能，有的甚至连基本的进排水系统也不具备。因此，难以对池水进行有效的调控，富含各种营养盐类及其他废弃物的池水大多直接排入天然水体，对环境产生不良影响，同时很容易造成疾病的传播。要开展健康养殖，必须对现行的养殖设施结构进行改造，逐步引导水产养殖产业向设施渔业方向发展。养殖池塘除具有提供养殖动物生长、生活空间和基本的进排水系统外，还应具有较强的水质调控和净化功能，使养殖用水能够内部循环使用。这种养殖设施既能极大的改善养殖效果，同时又能够减少对水资源的消耗和对水环境的不良影响，减少疾病的发生和传播，真正做到健康养殖。

（二）健康苗种的培育

进行抗病、抗逆养殖新品种的选育是开展健康养殖的关键。我国是水产养殖大国，养殖的水产动物上百种。目前我国苗种培育技术不稳定，生产工艺落后，主要养殖种类绝大多数都没有经过人工选育和品种改良，遗传基础还是野生型的，其生长速度、抗逆能力乃至品质都必须经过系统的人工育种而加以改进，这与农业和畜牧业中产量和质量及抗逆能力的提高，在很大程度上依靠品种的更新和改良有很大的差距。品种问题已成为制约我国水产养殖业稳定、健康和持续发展的瓶颈问题之一。此外，我国多数的育苗场设施和设备比较落后，苗种培育期间各种要素的可控程度差，一旦发生变故，实施应急措施的能力受到极大的限制，也制约了新技术的开发和利用，从而影响苗种的质量和数量。因此，建立设施和设备较为先进的育苗场和积极开展抗病、抗逆养殖品种的选育是健康养殖的当务之急。

具有较强的抗病害及抵御不良环境能力的养殖品种，不但能减少病害的发生，降低养殖风险，增加养殖效益，同时也可以避免大量用药对水体可能造成的危害以及对人类健康的影响。如对虾无特定病原群体的选育，为减轻对虾暴发性流行病的危害起到了重要作用。因此，研究开发抗病、抗逆养殖品种，对于健康养殖的可持续发展具有重大的意义。目前，水产养殖抗病、抗逆品种的研究还处于起步阶段，要取得突破性进展，必须依靠现代生物技术与遗传育种技术的结合。

（三）健康的管理

健康管理是在特定养殖方式下，根据养殖种类的不同生长阶段和生产管理的特点，采用合理的养殖技术和养殖模式，并对水质进行合理的管理和技术调控，维持良好的养殖生态环境，控制病害的发生。具体的管理措施和技术有很多，这里主要讲四个方面的问题：

1. 合理放养　各种水环境对水产养殖动物均具有一定的容量，应根据不同养殖品种及生长阶段，确定合理的放养密度。同时，根据不同的养殖模式和各种养殖动物与水中其他生物之间的关系，合理搭配放养其他品种养殖动物。在合理放养的条件下，能够提高单位水体的养殖产量和经济效益，保持生态平衡，保持有益生物的优势地位，抑制有害生物的生长，有利于改善水的环境条件，预防疾病的发生。

2. 合理投喂　开展健康养殖，保持水产养殖的可持续发展，饲料投饲技术非常关键。首先，应加强养殖品种摄食行为学的研究，应用摄食生态、摄食行为的特性，提高投饲的科学性。根据不同鱼类的摄食习性，提高饲料的利用率，减少对水体环境的污染。同时，还要大力研究和推广应用先进的饲料投喂技术，如计算机控制的饲料投喂技术、自动投喂技术等。保证鱼类的生长需要，尽量减少饲料的浪费和对养殖环境的污染。饵料的质量和投喂的方式，不但是保证水产养殖动物正常生长、生活，获得较高的产量和质量的重要措施，也是增强水产养殖动物对疾病抵抗力的重要措施。应根据不同养殖品种，选择能完全满足水产养殖动物各阶段所需营养物质，适口及营养适宜的饲料，满足其生长、生活的需求，提高其对疾病的抵抗力。营养不全面或营养成分配合不当，将导致营养缺乏症或使养殖动物生理机能下降，从而导致对环境变化或对疾病的抵抗力下降。投喂腐败变质的食物，可直接引起养殖动物生病，甚至死亡。合理投喂就是要坚持"四定"投饵原则，即"定时""定位""定质""定量"，保证饵料营养全面，适口性好，不含病原体及有毒或有害物质，根据不同养殖动物的不同阶段，投喂适量的饵料，并在一定的环境条件下，适当地作出调整，勿使其摄食过饱或摄食不足。

3. 水质调节　水体是水产动物生长和生活的空间，是其氧气和营养物质的来源，也是其排泄物的载体，同时水中还生活着许多其他生物。因此，水环境的变化对养殖动物生长和生活有很大的影响。各种水产养殖动物对水质的理化指标均有一定的要求，这些理化指标包括水温、pH、溶解氧、盐度、氨氮、亚硝态氮和硫化氢等，在养殖过程中应定期检测水质的理化指标，发现超标，应及时采取措施，尽力控制这些生理指标在水产养殖动物生长和生活的适宜范围内。另外，养殖环境中的生物，尤其是浮游植物与浮游动物是保持水体生态环境的重要生物，应将其种类及数量保持在一定的水平，以保持稳定的生态环境。养殖者应每天观察水色及透明度变化情况，若水色及透明度变动较大，可换水、施肥或使用某些化学药物进行调节。

4. 日常管理　日常管理的内容较多，除日常投喂饵料外，还应做好以下几方面的工作：①定时巡池，观察养殖动物的活动及摄食情况，密切注意池水的变动，以便发现问题及时处理；②及时清除养殖动物的粪便、残饵及动物的尸体，清除杂草、螺等有害生物，防止病原体的繁殖和传播；③定期排污和换水，保持水质清新；④定期检测养殖水体的理化指标，做好应激措施的准备；⑤定期对养殖动物进行病原体抽样检查，早发现疾病，及早治疗。

日常管理的工作，须持之以恒的贯穿于整个养殖过程当中，切不可掉以轻心。另外，在捕捞、运输、放养和筛选等操作中应小心仔细，避免养殖动物受伤，或使养殖动物产生应激反应，保持养殖动物机体的正常的生理状态，防止由于机体损伤或产生应激反应，使养殖动物对病原体的抵抗力下降。

当今世界高新技术迅猛发展，渗透到各行业，水产养殖亦不例外。我们应该有计划地逐渐将农业化养鱼向集约化养殖方式发展，学习国外先进科技，利用现代生物技术积极开展健康养殖。

二、控制和消灭病原体

通过传染或侵袭途径引起养殖动物生病的生物体称之为病原体。控制和消灭病原体，是预防水产养殖动物疾病发生的最为有效的措施。在养殖生产中，采取有效措施，控制或消灭了病原体，可减少或避免疾病的发生。

（一）水源的选择

鱼儿离不开水，水源条件的优劣，直接影响水产动物的养殖和养殖过程中病害的发生，因此，在建设养殖场时，首先应对水源进行周密的调查，选择水源充足，没有污染的水作为养殖用水，且水的理化指标应适宜于养殖品种。养殖场在建设时，每个养殖池的进、排水系统应完全独立，且进水孔应远离排水孔。当水源不足时，应建蓄水池。在封闭式和半封闭式工厂化养殖场，应有完善的水质净化和处理设备，对排出的水经过净化和消毒后，确保没有病原体时方可循环使用。

（二）彻底清池消毒

池塘是水产动物生活栖息的场所，同时也是各种病原体的滋生地，池塘环境的优劣，直接影响水产动物的生长和健康。因此，在投放养殖动物前，一定要对池塘进行清池消毒，清除过多的淤泥和污物，并用药物杀死病原体。最为有效和常用的清池药物是生石灰和漂白粉，水泥池也可用高锰酸钾消毒。

1. 生石灰清池　生石灰清池的方法有干池法和带水清池法

两种。

（1）干池法　将池水排除，在池底留有 5～10 厘米的水，并在池底挖几个小潭，将生石灰放入潭中，待生石灰溶化后向四周均匀泼洒，用量为每平方米 0.1～0.2 千克。

（2）带水清池法　将生石灰在水中溶化后全池均匀泼洒。带水清池可避免清池后加水时又将病原体及有害生物随水带入池中，效果较好，更适合于水源较缺乏的养殖池。带水清池法，生石灰的用量较大，一般水深 1 米，用量为每平方米 0.2～0.3 千克，清池后 7～10 天，药性消失后即可放入养殖动物。生石灰清池不仅可杀灭病原体和有害生物，还具有改良池塘环境和增肥的作用。

2. 漂白粉清池　用适量的水将漂白粉充分溶解后，全池均匀泼洒。干池法用量为每平方米 0.02～0.03 千克。带水清池用量为每平方米 0.03～0.05 千克。清池后 4～5 天药性消失，即可放入养殖动物。漂白粉杀灭病原体和有害生物的效果与生石灰相似，而且有用药量少、药性消失快等优点，但没有改良水质和增肥的效果。

（三）强化检疫及隔离

目前国际上和国内各地区间水产动物的移植或交换日趋频繁，为防止病原体随水产动物的移植或交换而相互传播，必须对其进行严格的检疫。对养殖动物检疫，能了解病原体的种类、区系及其对养殖动物的危害、流行情况等，以便及时采取相应措施，杜绝病原体的传播和疾病的流行。水产养殖动物的苗种及成品的流动范围较为广泛，容易造成病原体的扩散和疾病的流行。因此，在养殖动物的输入或输出时应认真进行检疫。

在养殖场内部，当有养殖动物生病时，首先应采取隔离措施，对发病池或区域封闭，池内养殖动物不向其他池塘或地区转移，避免疾病的传播。发病池使用的工具应专用，且应及时消毒。病死动物的尸体应及时捞出，并对其进行销毁或深埋。发病池的进、排水都应进行消毒。

(四) 药物预防

药物具有防病治病作用或改良水环境作用，但药物也有毒副作用，药物的频繁使用或随意加大用药量，可导致病原体产生抗药性，对养殖动物产生毒害和刺激作用，并且对养殖水环境产生极为不利的影响。因此，在药物预防中，不可滥用药和超量用药，应根据养殖环境、条件、养殖动物和病原体的不同，选择合适的药物和用药方法进行药物预防。常用的药物预防方法有以下几种：

1. 动物体消毒 为切断疾病的传播途径，避免将病原体带人养殖水域，在养殖动物放养或分塘换池时，对其进行消毒。消毒一般采用浸洗法，在对养殖动物体进行消毒前，应认真做好病原体的检查工作，根据病原体的不同种类，选择适当的药物进行消毒处理，以期取得较好的效果。动物体消毒对较大的养殖水域和网箱养殖更为重要。

2. 饵料消毒 投喂清洁、新鲜、不带病原体的饵料，一般不用消毒。必要时可将水草放在浓度为每千克水体 6 毫克的漂白粉溶液中浸泡 20～30 分钟后再投喂。卤虫卵可用浓度为每千克水体 300 毫克的漂白粉溶液浸泡消毒，淘洗至无氯味时（或用浓度为每千克水体 30 毫克硫代硫酸钠去氯后）再进行孵化。动物性饵料需冷冻后再投喂。

3. 工具消毒 养殖用的各种工具，往往成为传播疾病的媒介。因此，在发病池使用过的工具，未经消毒处理，不能直接用于其他池塘，以避免疾病从一个池塘传到另一个池塘。一般网具可用浓度为每千克水体 2 毫克的硫酸铜溶液或浓度为每千克水体 50 毫克的高锰酸钾溶液、浓度为每千克水体 100 毫克的福尔马林溶液、浓度为 5% 的食盐水等浸泡 30 分钟。木制或塑料制品的工具，可用5％的漂白粉溶液消毒，洗净后方可使用。较大型的养殖工具在阳光下曝晒即可。

4. 食场消毒　食场内常有饵料残留，腐败后为病原体的繁殖提供了条件。因此，除注意投饵量适当外，每天应及时捞出残留饵料，清洗食场和食台。在疾病的流行季节，应定期在食场周围泼洒漂白粉、硫酸铜和敌百虫等药物，也可以在食场上挂篓或挂袋。用量要根据食场的大小、水深、水质及水温而定，以养殖动物不对药物产生回避反应为宜。

5. 水体消毒　在疾病的流行季节，要定期向养殖水体中施放药物，以杀灭水体中及养殖动物体上或鳃上的病原体，通常采用全池泼洒法。如定期在养殖池塘中泼洒每千克水体漂白粉1毫克或每千克水体生石灰20～30毫克，预防细菌性疾病。定期泼洒每千克水体硫酸铜0.7毫克和每千克水体敌百虫0.3～0.5毫克，预防寄生虫病的发生。另外，可以将中草药扎成小捆，放在水中沤水，待药物成分释放出来后，也可杀死病原体；预防疾病的发生。如乌桕叶沤水可预防细菌性烂鳃病，苦楝树枝叶沤水可预防车轮虫病。在进行水体消毒时，应根据养殖环境、养殖对象和疾病流行情况的不同，来确定用药的时间和施药的种类，切不可滥用药物。

6. 定期口服药物　体内预防的疾病一般采用口服药物法。定期让养殖动物口服一定的药物，可以有效地预防疾病的发生。由于不能强迫养殖动物主动吃药，因而只能将药物拌入饵料中制成药饵投喂。用药的种类根据养殖对象、疾病的种类和流行规律的不同而选择不同的药物，一般是在疾病的流行期前或流行高峰期，针对性地投喂一些抗病原体或提高养殖动物生理机能的药物来预防疾病的发生，如一些对病原体敏感的抗生素、维生素和中草药等。应尽量多用中草药，避免产生抗药性和影响养殖水环境。一般要求每半个月口服1次，几种药物交替使用为好。

（五）控制或消灭其他有害生物

有些病原体的生活史较为复杂，其宿主可能有几个，水产养殖动物仅是其中的一个，控制或消灭其他的宿主，切断生活史，也可控制病原体的繁殖，预防疾病的发生。如清除螺类、驱赶水鸟、控制猫和狗等。

三、免疫预防

水产动物与其他动物一样，在长期的进化和不断的同病原体作斗争的过程中，自身形成了若干有效的防御机制。当病原体入侵动物机体时，其自身的防御机制产生一系列的生理反应。这些反应包括：阻止病原体的入侵；阻止入侵者的生长繁殖；控制其传播，解除病原体的毒害作用；修复机体的损伤。水产动物的这种对病原体的抵抗力，也就是免疫力。免疫与感染是相对的，两者处于动态平衡中，一旦病原体与机体的平衡遭到破坏，机体就会受到病原体的袭击而被感染，出现症状并发生疾病。目前，免疫学在水产动物疾病控制上的应用，正在迅速发展。但与免疫学在其他方面的应用相比，仍有很大的差距，这与水产动物免疫的特点有关：①水产动物的病原体与人或其他养殖动物的病原体不同，有许多属于条件致病菌，且水体中病原体的种类较多；②水产动物是变温动物，其非特异性免疫与特异性免疫机制受外界环境变化的影响较大；③水产动物的抗体分子与人或其他动物疾病中最为有效的已知抗体不同；④水产动物疫苗有效的给予途径存在较多困难。

虽然有诸多的不利影响，但随着养殖设施的完善，养殖条件和养殖技术的提高，特别是健康养殖和清洁生产的开展，免疫学在水产养殖上的应用越来越被人们所重视。

(一) 人工免疫

免疫预防，简单地说就是调动动物体自身防御能力，防止病原体的入侵、繁殖和扩散传播，以维持自身体内环境的稳定，达到动物体健康的过程。通常是采用人工自动免疫的方法，增强动物体的自身免疫能力，以达到预防疾病的发生。人工自动免疫是将人工制成的疫苗、菌苗、瘤苗、类毒素或细胞免疫制剂等，接种到水产动物体上，使水产动物自身产生对相应疾病的防御能力。用病原菌制成的抗原制剂称为菌苗，用病毒、立克次体制成的抗原制剂称为疫苗，有的将两种统称为疫苗。用肿瘤组织制成的抗原制剂称为瘤苗。细菌的外毒素经 0.3％～0.4％的福尔马林处理后，毒性消失而免疫原性仍然保留，即为类毒素。细胞免疫制剂有干扰素和转移因子等。由于鱼类与其他脊椎动物相似，受抗原刺激可以产生特异性的细胞免疫和体液免疫。因此，在水产动物中对鱼类的免疫研究的较多。

水产动物免疫预防的成败关键是如何将疫苗接种到养殖动物体内。通常采用的接种方法有注射法、口服法、浸泡法和喷雾法等。

(1) **注射法** 将定量的疫苗直接接种到养殖动物的体内，因此免疫效果较稳定，而且疫苗的用量较少，但此法也存在操作不便、容易损伤受免疫的养殖动物等问题，在养殖生产中实施注射法有一定的困难。

(2) **口服法** 具有操作简便、对受免疫的动物造成的应激性刺激较小等优点。但是，此法接种的疫苗进入水产动物的消化道后，可能受消化作用的影响而失去其免疫原性，而且需要的疫苗量较大。已有试验结果表明，口服法接种能否成功，关键在于能否制备出一种在水产动物消化道内容易吸收，而其免疫原性又不被破坏的疫苗。

(3) **浸泡法** 迄今为止对水产动物免疫接种中应用最为成功

的一种方法。此法具有操作简便、对受免疫动物的应激性刺激比注射法小和疫苗用量较口服法少的优点。目前，已进入商品化生产的渔用疫苗大多采用了浸泡接种的途径。浸泡法接种分高渗浸泡法和直接浸泡法两种。高渗浸泡法是先将受免动物放入高渗溶液中浸泡处理，然后再放入疫苗液中浸泡。直接浸泡法是不经高渗处理，而直接将受免动物放入疫苗液中浸泡的方法。现在，人们采用浸泡法接种时，几乎都是采用直接浸泡法。

（4）喷雾法　疫苗进入受免动物的途径和机体产生免疫应答的机理与浸泡法相似，但与浸泡法相比，还需要一定的接种设施方能进行。因此，这种方法在实践中较少使用。

（二）免疫激活剂的应用

免疫激活剂根据其功能的不同可分为两大类：一类能增强水产动物的特异性免疫机能；另一类能增强由疫苗诱导的特异性免疫机能（又称为佐剂作用）。目前，研究较多的是前者。免疫激活剂的种类较多，已证实对水产养殖动物具有免疫激活作用的种类主要有福氏完全佐剂、植物血凝素、葡聚糖、左旋咪唑、壳质素、维生素 C、生长激素和催乳素等。免疫激活剂可以激活水产动物的非特异性免疫机能。在水产动物疾病预防中，适当地利用免疫激活剂，通过激活水产动物自身的非特异性免疫潜能，具有重要的现实意义。

四、生物预防

生物预防是指在养殖水体中和饲料中添加有益的微生物制剂，调节水产养殖动物体内、体外的生态结构，改善养殖生态环境和养殖动物胃、肠道内微生物群落的组成，增强机体的抗病能力和促进水产养殖动物的生长。在养殖水体中泼洒有益的微生物制剂，可以调节养殖环境中的微生物组成和分布，抑制有害微生物的过量繁殖，加速降解养殖水环境中的有机废物，改善养殖生态环境。在饲料中添加有益微生物制剂，可通过改变动物消化道中微生态结构，而达到预防疾病的目的。人们将这些有益的微生物制剂称之为微生态制剂，利用微生态制剂预防疾病，是水产养殖动物疾病预防的重大发展，对推动健康养殖和生产清洁食品具有重要的现实意义。

（一）微生态制剂的种类

微生态制剂又称微生态调节剂，是一类根据微生态学原理而制成的含有大量有益菌及其代谢产物的活菌剂。具有维持生态环境的微生态平衡、调节动物体内微生态失调和提高健康水平的功能。目前，在我国应用的微生态制剂菌种主要有以下几种。

1. 光合细菌　光合细菌是目前在水产上应用比较成熟的一种微生态活菌剂，是一类有光合作用能力的异养微生物。主要是红螺菌科、硫螺菌科、绿曲菌科和绿菌科中的菌种。光合细菌主要利用小分子有机物而非二氧化碳合成自身生长繁殖所需要的各种养分。光合细菌具有光合色素，呈现淡粉红色，它能在厌氧和光照的条件下，利用化合物中的氢并进行不产生氧的光合作用，将有机质或硫化氢等物质加以吸收利用，把硫化氢转化为无害的物质，使好氧的异养微生物因缺乏营养而转为弱势，同时使水质得以净化。但光合细菌不能氧化大分子物质，对有机物污染严重的底泥作用不明显。

2. 芽孢杆菌制剂　芽孢杆菌是一类需氧的非致病菌，具有耐酸、耐盐、耐高温和耐高压的特点，是一类较为稳定的有益微生物。目前，应用的以枯草芽孢杆菌、地衣芽孢杆菌、蜡样芽孢杆菌及巨大芽孢杆菌为主。芽孢杆菌具有芽孢，以其芽孢的形式存在于动物肠道的微生物群落中，能使空肠内的 pH 下降，氨浓度降低，促进淀粉、纤维素和蛋白质的分解。

3. 硝化细菌　硝化细菌是一种好氧细菌，属于绝对自营性微生物，包括两个完全不同的代谢群：一个是亚硝酸菌属，在水中将氨氧化成亚硝酸，通常被称为"氨的氧化者"，其所维持生命的食物来源是氨；另一个是硝酸菌属，将亚硝酸分子氧化成硝酸分子。硝化细菌在中性、弱碱性、含氧量高的情况下发挥效果最佳，可以将水产养殖动物有毒害作用的氨和亚硝酸转化为无毒害作用的硝酸分子，成为浮游植物的营养盐。

4. 酵母菌　酵母菌是喜生长于偏酸环境的需氧菌，在肠道内大量繁殖。它是维生素和蛋白质的来源，可以增加消化酶的活性，并能增加非特异性免疫系统的活性。酵母菌的致死温度为$50\sim60℃$，配合饲料制粒时的温度可以将其杀死。

此外，还有反硝化细菌、硫化细菌等一系列菌种，需要指出的是，目前市场上销售的微生态制剂除光合细菌、芽孢杆菌外，大多为复合菌剂，即采用上述菌种中的几种混合而成。也有一些厂家生产的微生态制剂采用的是经过基因改造的工程菌。目前，在水产养殖上作为环境修复剂应用较多的是光合细菌和芽孢杆菌。

（二）生物预防的作用

1. 颉颃与免疫激活作用　有益微生物能通过竞争作用调节宿主体内菌群结构，包括竞争黏附位点、对化学物质或可利用能源的争夺以及对铁的争夺。有的有益微生物在生长过程中产生抑菌物质，如乳酸菌产生乳酸、乳酸菌素和过氧化氢等，对病原微生物具有抑制作用。有的有益微生物具有免疫激活作用，是良好的免疫激活剂，能增强养殖动物的非特异性免疫的活性。还有的能防止有毒物质的积累，从而保护机体不受毒害。

2. 微生态的平衡作用　健康动物体内的微生态平衡会由于病原体的入侵、环境因素的变化等原因而被破坏，如果破坏程度超出了养殖动物的适应能力，会使养殖动物的免疫力下降，导致营养和生长障碍以及疾病的发生。这时，补给适当有益微生物，会及时使微生态环境得到修补，让动物恢复健康状态。一些需氧菌制剂，特别是芽孢杆菌可以消耗肠道内的氧气，造成厌氧环境，有助于厌氧微生物的生长，从而使失调的菌群平衡，恢复到正常状态。

3. 促生长作用　饲用有益微生物不仅能提高对病原菌的抵抗力，预防疾病的发生，而且具有促进其生长的作用。作为饲料添加剂的许多有益微生物，其菌体本身含有大量的营养物质，同时随着它们在动物消化道内的繁殖、代谢，可产生动物生长所需要的营养物质，还可产生消化酶类，协助动物消化饲料，提高饲料的转化率。

4. 水质调节作用　光合细菌具有独特的光合作用能力，能直接消耗利用养殖水体中的有机物、氨态氮，还可利用硫化氢，并可通过反硝化作用除去水中的亚硝态氮，从而改善水质。有益微生物进入养殖池后，可以参加水体最基础的物质循环，把有机物降解为硝酸盐、磷酸盐和二氧化碳等，为单细胞藻类的生长繁殖提供营养；而单细胞藻类的光合作用又为有机物的氧化分解，微生物及养殖动物的呼吸提供溶解氧，构成一个良性生态循环。

第三节　非病源性疾病

非病源性疾病主要包括应激反应引起的鱼病、水体污染引起的鱼病和营养失调引起的鱼病。

一、应激反应引起的鱼病（彩图 54）

1. 症状　下颚充血，鳍基充血，体表呈块状变色，发白，长水霉。

2. 发病时机和原因　①在高温季节（水温 12℃以上）鱼种

出池时操作不当，在进箱后马上发病；②在低温季节鱼种出池时操作不当，在第二年的 3～4 月发病。

3. 防治方法　应激反应引起的鱼病，以预防为主，以规范的操作方法促使鱼体不产生破坏性的应激，增强鱼体的免疫力和抵抗力。

①鱼种出池时的去应激操作。先停食一天；第二天拉网，收网密集几分钟后即放回原池；第三天拉网，上捆箱，不操作，捆 6～8 小时后放回原池；第四天拉网，上捆箱，3 小时后再开始操作。②网箱中的练网操作（彩图 55）。先停食一天；第二天上午把鱼赶集中，6～8 小时，其间密集三次，再放开；第三天上午把鱼赶集中，3 小时后再开始操作。③在每年的 1～2 月，水温低于 12℃时最好不要对鱼种进行出池运输。④发病期间不要天天清箱，3～4 天清一次即可。⑤发病后在饲料中加入维生素 C 抗应激（每吨饲料添加 1 千克），如有腹水、肠炎等并发症另加内服消炎药。

二、水体污染引起的鱼病

水体污染引起的鱼病在进行网箱养殖时特别突出。

1. 病因　相对固定的、高密度的网箱养殖，使鱼类的排泄物和残饵集中在网箱的正下方的库底，沉积物的厌氧分解会产生大量的有毒物质，如氨、硫化氢等。水库同温期的水体垂直对流会在最短的时间内集中将库底的有害物质引向水面，造成网箱鱼发病，甚至大量死亡。

2. 流行情况　①水库发生垂直对流的时间（同温期）随水深而变，水越深发生的时间越晚。华中地区水深 8 米左右一般在 10 月初；水深 10～15 米一般在 11 月初。②毫无征兆集中大量死亡。

3. 预防方法　在同温期到达前移动网箱离开原养殖区。

三、营养失调引起的鱼病

营养失调引起的鱼病主要表现为肝胆综合征。

1. 病因　饲料蛋白能量比失衡，能量物过多，导致蛋白质合成受阻，营养代谢失调，脂肪过剩，在生长速度较快时更易发生此病。

2. 症状　病鱼外观个体肥大，体形粗短，肚大体圆（彩图56），手感轻，下颚充血，解剖观察鱼的心脏、肝脏肥大，腹腔脂肪较多，严重者可见肠壁、肝脏均有脂肪沉积，甚至有脂肪肝现象，有时肝脏呈花斑状，黄色、白色、深绿色（彩图57），肝尖出血（彩图58）或肝脏出血（彩图59），胆囊肿大（彩图60），腹腔内有血水，肠道充血。

3. 危害　在越冬或转运过程中容易死亡，平时的养殖中这种个体肥大、体形粗短的鱼往往最先发病。

4. 治疗　使用营养全面的饲料，满足鱼生长所需的各种营养物质。使用抗生素等药物治疗效果很差。

第四节　病源性疾病

一、病毒性疾病

斑点叉尾鮰病毒性疾病常见的是疱疹病毒。

1. 流行情况　斑点叉尾鮰病毒病最早于1968年在美国发生，目前已成为危害世界各国斑点叉尾鮰养殖的最主要的传染病之一。主要危害小于1龄、体长小于15厘米的鱼种。可通过水平和垂直两种方式传播。其主要发病季节在5～10月，水温在20～30℃时发病严重，在此温度范围内随水温的升高，发病率和死亡率越高，水温低于15℃，几乎不会发生。病程一般为3～7

天，死亡率可达 95%～100%，残存鱼生长缓慢。

2. 主要症状   病鱼食欲下降，离群独游，反应迟钝，部分病鱼有尾朝下，头向上，悬浮于水中，出现间歇性游动的症状。病鱼皮肤及鳍基部出血，眼球单侧或双侧性凸出（彩图 61），腹部膨大（彩图 62），解剖可见腹腔内有大量淡黄色或淡红色腹水，胃肠道空虚，没有食物，其内充满淡黄色的黏液（彩图 63）。发病前期只能依据发病季节和鱼体活动来作推测（包括游泳异常，出现打转，呆滞和头朝上垂直悬浮于水中不久沉入水底），中、后期可见鳔线管发红（彩图 64）。

3. 防治办法   目前没有较好的治疗方法，降低水温到 20℃以下可以减少死亡率，但生产中很难操作，只能加强预防。以下的几种方法对疾病的预防或控制有一定的作用：

①强氯精溶液，每立方水体 0.1 克，疾病流行季节，全池泼洒。②10%聚维酮碘溶液，一次量，每立方水体 0.5～1 毫升，疾病流行季节，全池泼洒，7 天 1 次。③每千克体重，一次量，大黄 4 克、黄芩 4 克、黄柏 4 克、板蓝根 4 克和食盐 3.5 克，粉碎后，拌饲投喂，每天 2 次，连用 7～10 天。④土法疫苗，实践证明效果非常好。⑤该病一般在鱼种体长 12 厘米以下时发生，建议前期使用高档斑点叉尾斑点叉尾鮰种料，尽快将鱼种养到 12 厘米以上以降低发病率。⑥使用免疫增强剂增强鱼的免疫机能。

二、细菌性疾病

（一）斑点叉尾鮰肠型败血症

斑点叉尾鮰肠型败血症的致病菌为爱德华菌。

1. 流行情况   各种规格均有发病，以 100 克左右鱼种多见。流行季节为 5～6 月和 9～10 月，水温在 18～28℃之间均可发生，尤其在 22～28℃之间多发。

2. 主要症状　急性型：感染途径为消化道；发病急，死亡高，病鱼腹部膨大，体表、肌肉可见到细小的充血、出血斑，眼球突出，鳃丝苍白而有出血点，腹腔积水，肝、脾、肾肿大、出血，胃、肠道扩张，充血、出血，积液，鳔的外壁充血。慢性型：感染途径为神经系统，病程长，常引起慢性脑膜炎，感染迅速经脑膜到颅骨，最后到皮肤。显著症状是头骨中央刚开始时起瘤或出现红点，继而腐烂，后被腐蚀成一个洞，露出头骨使皮肤溃烂，最后在头部形成一个溃疡性的病灶；病鱼胸鳍侧有直径为3～5毫米的损伤，外部如针状的创伤深入肌肉；腹部或臀部形成穿孔（彩图 65）。在 10～15 天内损伤面积逐渐扩大，病菌频繁侵入病鱼血液或感染肾脏，患病的成鱼在损伤的肌肉内有恶臭气体。死亡的病鱼与肾脏、肝功能衰弱有关。

3. 防治办法　①10％聚维酮碘溶液，一次量，每立方水体 0.5～1 毫升，疾病流行季节，全池泼洒，15 天 1 次。②每千克体重，一次量，诺氟沙星 30 毫克或氧氟沙星 10 毫克，或氟甲喹 20 毫克，拌饲投喂，每天 1 次，连用 3～5 天。③卡那霉素，一次量，每千克体重 10～30 毫克，拌饲投喂，每天 1 次，连用 3～5 天。④二氧化氯浸泡，连续 2 次，中间间隔 1 天或在发病季节，使用稳定性二氧化氯（浓度为 0.3 毫克/升）全池泼洒，同时，每 50 千克饵料每日拌入土霉素 250 克和大蒜素 100 克，或拌入氟苯尼考，每千克体重用量 10～15 毫克，连续投喂 5～7 天。⑤硫酸链霉素，一次量，每千克体重 20 毫克，亲鱼肌内注射，3 天后再注射 1 次。

（二）烂尾病

1. 病原体和流行情况　该病的病原体是嗜水气单胞菌和温和气单胞菌等。一般发生在春末夏初，当鱼尾部被擦伤，或被寄生虫等损伤后，鱼体抵抗力下降，水体水质较差，养殖密度高，病原菌又较多时，容易暴发流行。

2. 主要症状 初期尾部皮肤变白，失去黏液，随后肌肉红肿、尾部蛀鳍并伴有充血，最后尾鳍大部分或全部断裂，尾柄处皮肤、肌肉溃烂，严重时露出骨骼（彩图66）。实验室人工感染后3天发病。

3. 防治办法 ①彻底清塘消毒，鱼种下池前用1%～3%的食盐水溶液浸泡，至鱼出现"浮头"时为止。②尽量防止鱼体受伤。③用每千克水体2～3毫克的高锰酸钾溶液全池泼洒。④每千克水体漂白粉5～8毫克浸泡，15～20分钟。⑤每口网箱用五倍子100～150克煮水泼洒，连续3天，每天1次。⑥内服氟苯尼考，每千克体重用量为10～15毫克，连续5天，每天分2次投喂。⑦45%苯扎溴铵溶液，一次量，每立方水体0.22～0.33毫升，全池泼洒，2～3天1次，连用2～3次。⑧复方磺胺二甲嘧啶粉，一次量，每千克饲料20克，拌饵投喂，每天1次，连用4～6天。⑨5%恩诺沙星粉，一次量，每千克饲料4～8克，拌饵投喂，每天2次，连用5～7天。

（三）柱形病

1. 病原体和流行情况 柱形病由柱状黄杆菌感染引起。该病目前已成为危害斑点叉尾鮰的第二大细菌性传染病，在春、夏、秋都可发生，流行水温为15～32℃，多出现在水温20℃以上的春末至初秋，死亡率可达75%以上。病原的感染常与各种应激有关，如高温、密度过大、机械损伤、水质恶化等。除了感染斑点叉尾鮰外，还可感染鲤、鲫、鳗鲡、虹鳟、罗非鱼等鱼类，但斑点叉尾鮰最敏感。

2. 主要症状 病鱼眼球突出（彩图67）；鳍、鳃、吻和体表出现棕色或棕黄色的病灶，病灶周围充血、出血、发炎，特别是在背部形成一由白色带状物围绕的似马鞍状的病灶，这种病灶具有一定的特征性；随病程的发展，病灶皮肤受损，形成中心开放式的溃疡，露出其下的肌肉组织；鳃黏液分泌增多，鳃丝末梢出现灰色的坏死组织，以后逐步扩展至基部，从而使整个鳃丝腐烂。实际生产中发现，池塘鱼种培育过程中如果停食太早，转入网箱后特别容易发生此病。

3. 治疗办法　①每千克水体用五倍子 2～4 毫克煮水全池泼洒，网箱每箱用量为 100～150 克煮水泼洒。②用 1‰～3‰的食盐水浴至鱼有不安状或用稳定性二氧化氯每立方水体 0.2～0.3 毫克全池泼洒。③氟苯尼考内服，每千克鱼体用量为 10～15 毫克，连续 5 天，每天分 2 次投喂。④盐酸土霉素每千克鱼体用量为 25 毫克，连续 5 天，每天投喂 1 次。⑤每千克体重，一次量，脱氧土霉素 20～30 毫克或氟苯尼考 10～20 毫克，连用 5～7 天。

（四）烂鳃病

1. 病原体和流行情况　烂鳃病主要由柱状嗜纤维菌引起，该病一般在水温 20℃ 以上开始流行，春末至夏秋为流行盛期，时间连续较长，发病严重时能使当年鱼大量死亡。

2. 主要症状　前期鳃丝上出现颜色不均匀变化，中期出现白色或灰色病变，严重时鳃丝末端坏死甚至出现缺损（彩图 68），常有淤泥附在上面。鳃盖骨的内表皮充血，严重时常被腐蚀成略呈圆形的透明区域，俗称"开天窗"。鱼的鳃丝被破坏造成呼吸困难，往往呈现浮头状，甚至在换清水之后，仍有"浮头"现象。

3. 治疗　①春夏疾病流行季节，必须保持池水清洁，天然饵料丰富适口，且及时进行分养；②苗种下池前用 2‰食盐溶液浸浴 5～10 分钟，对预防及早期治疗有效；③发现有发病预兆，每立方米水体用 1 克漂白粉全池泼洒；④氟苯尼考内服，用量为每千克体重 10～15 毫克，连续 5 天，每天分 2 次投喂；⑤盐酸土霉素内服，用量为每千克体重 25 毫克，连续 5 天，每天投喂 1 次。

（五）细菌性败血症

1. 病原体与流行情况　细菌性败血症病原体初步认为是气

単胞菌属的细菌。流行季节为5～9月，特别是水温25℃左右时是发病高峰，发病率高达80%以上，死亡率达50%左右。水质恶化、体表受伤是本病发生的重要诱因。

2. 主要症状 病鱼在水中呈呆滞的抽搐状游动，停止摄食，体表有圆形稀疏的溃疡，伴随肌肉出血（彩图69），各鳍条溃烂缺损，严重的可见肌肉、鱼鳔充血，眼球凸出（彩图70），体腔内充满带血的液体（彩图71），肾脏变软、肿大，肝脏灰白带有小的出血点（彩图72），肠内充满带血的或淡红色的黏液（彩图73），后肠及肛门常有出血症状，肿大。

3. 治疗 ①二氧化氯或聚维酮碘浸泡或者挂袋。②氟苯尼考内服，用量为每千克体重10～15毫克，连续5天，每天分2次投喂；烟酸诺氟沙星内服，用量为每千克体重20～25毫克，连续5天，每天1次。③每立方米水体用高锰酸钾10克，入池前浸洗10～20分钟。④30%三氯异氰脲酸粉，一次量，每立方米水体0.2～0.5克，疾病流行季节全池泼洒，15天1次。⑤四环素或恩诺沙星每千克体重20～30毫克，每天1次，连用5～7天。⑥注意发病期间不要动网箱。

（六）斑点叉尾鮰"传染性套肠症"

1. 病原体与流行情况 病原体初步认为是斑点叉尾鮰源的嗜麦芽寡单胞菌。该病最早发现于2004年3月下旬，在四川省成都市郊的龙泉湖网箱养殖的斑点叉尾鮰发生，自然情况下主要感染斑点叉尾鮰，鱼苗、鱼种和成鱼均可感染，其他鮰科鱼类也可感染，3～9月是其病的时期，但以3～5月高发，一般是每年的3月下旬或4月初开始发病，发病水温多在16℃以上，并随水温的升高病程缩短。该病发病急，死亡快，病程短，一般病程在2～5天，发病率在90%以上，死亡率80%以上，严重的达100%。

2. 主要症状 后肠套叠，严重时甚至发生断肠现象；各鳍条基部轻微充血，胸鳍、腹鳍、尾鳍边缘发白、溃疡（彩图

136

74），部分鱼出现肌肉充血现象；下颌溃疡（彩图 75）。病死鱼的解剖变化主要表现为腹部膨大，肛门红肌外凸，有的鱼甚至出现脱肛现象（彩图 76），后肠段的一部分脱出到肛门外，肠道充血，肠壁变薄，肠腔内充有大量含血的黏液，肠内无食物。剖开体腔，腹腔内充满大量清亮或淡黄色或含血的腹水，胃底部和幽门部黏膜充血、出血，常于后肠出现 1～2 个肠套叠（彩图 77），套叠的长度为 0.5～2.5 厘米，发生套叠和脱肛的肠道明显充血、出血和坏死，部分鱼还见前肠回缩进入胃内的现象。肝肿大，颜色变淡发白或呈土黄色，部分鱼可见出血斑，质地变脆；胆囊扩张，胆汁充盈；脾、肾肿大，淤血，呈紫黑色；部分病鱼可见鳔和脂肪充血和出血。

3. 治疗　①降低饲料的投喂量 30%～40%；每立方米水体用二氧化氯 0.3 克或溴氯海因 0.2～0.3 克全池泼洒。同时每千克饲料加氟苯尼考 5～20 毫克制成药饵投喂，连用 3～5 天为 1 个疗程。②外用药为辅，内服为主。③用盐酸土霉素内服，每千克体重用量为 25 毫克，制成药饵投喂，连续 5 天，每天 1 次。④烟酸诺氟沙星内服，每千克体重用量为 20～25 毫克，连续 5 天，每天 1 次。⑤复方新诺明，第一天按每千克体重 100 毫克，第二天开始药量减半，拌饲投喂，5 天为一个疗程。⑥每立方水体，一次量，漂白粉 1 克或漂白粉精（有效氯 60%～65%）0.3～0.5 克，全池泼洒。⑦切勿洗箱、换箱、兜箱浸泡。

三、真菌性疾病

斑点叉尾鮰的真菌性疾病主要是水霉和绵霉。

1. 流行与症状　真菌性疾病在水温为 13～18℃时容易发生，主要原因是鱼体受伤后引起，捕捞、产卵等操作造成的损伤或其他疾病引起的病灶通常会使水霉、绵霉侵入感染。被感染后的鱼，其身体的任何部位均会长出灰白色棉花状菌丝体。水温在

25℃以上较少发病。

2. 治疗　①在拉网和运输过程中，操作要细致，尽可能避免鱼体受伤。②操作结束后，可用3%～4%的食盐水浸洗10～15分钟或用1‰食盐溶液浸泡病鱼12小时。鱼种下箱时不建议使用超高浓度甲醛或高锰酸钾浸泡，容易严重灼伤体表组织及鳃组织。③若病情严重可将池水放浅，用每千克水体3～5毫克的治霉灵®全池泼洒。④用每千克水体2毫克的高锰酸钾泼洒有一定作用。

四、寄生虫性疾病

1. 小瓜虫病

（1）流行情况　由多子小瓜虫寄生引起。小瓜虫病是危害最严重的疾病。如环境条件适于此病，几天内可使全部鱼死亡。此病有季节性，一般只在水温15～25℃时发生，近几年发现在水温高达32℃时也可以发生。

（2）症状　小瓜虫侵入鱼的皮肤和鳃组织后，形成针头大小的小白点（彩图78），肉眼可见。严重时，眼珠可被破坏（彩图79）。镜检鳃丝和皮肤黏液，可见大量小瓜虫。

（3）治疗办法　①用每千克水体加200～300毫克福尔马林浸泡病鱼。②每亩用生姜2.5千克，干辣椒0.5千克煮水全池泼洒，每天1次，连用3～4天。③亚甲基蓝，一次量，每立方米水体2克，全池泼洒，每天1次，连用2～3天。④青蒿末，一次量，每千克体重0.3～0.4克，拌饲投喂，每天1次，连用2～3天。

2. 孢子虫病

（1）主要症状　体表或肠道等内脏上有白色点状包囊。

（2）治疗办法　①盐酸左旋咪唑内服，每千克体重用量为4～8毫克，每天分1～2次投喂，连续喂3天。②盐酸氯苯胍内服，第一天用量为每千克体重100毫克，第二至第四天用量为每千克体重30～40毫克。③使用专用灭孢子虫的药物。

3. 车轮虫病

（1）病原与症状　由车轮虫寄生而染病。对斑点叉尾鮰危害较大的车轮虫有两种，一种个体较小的寄生于鳃部，用其附着盘的缘膜包围鳃丝的末端，严重时整个鳃丝边缘组织被破坏，引起鱼苗死亡。另一种个体较大的寄生于鱼体全身，造成鱼体不适，或因皮肤损伤引起并发症，危害对象主要是幼鱼，全年均可感染，尤以4～7月较为严重。如虫体很多，也会造成严重死亡。镜检可见大量车轮虫寄生于鱼体的鳃丝和皮肤黏液上。

（2）防治办法　①放养前用生石灰彻底清塘。②移植鱼类或引种时应经过检疫。③硫酸铜＋硫酸亚铁，浸泡用浓度为每千克水体8毫克，全塘泼洒用浓度为每千克水体0.7毫克。④每立方水体加高锰酸钾2～3克或福尔马林15～25毫克泼洒。⑤商品渔药如车轮净®等，主要成分为苦参碱，浸泡或全塘泼洒。

4. 指环虫　指环虫寄生在鱼的鳃丝上，在清新的水体中或污染的水体中都有发生，春、夏、秋季都有。

（1）症状　鳃丝肿胀间或发白，多黏液；病鱼靠网边、不摄食；阴雨天病情加重，天晴有所好转。镜检可见在鳃丝上有大量指环虫寄生。

（2）治疗方法　①用1‰阿维菌素泼洒；剂量为每平方米网箱每次1毫升，每日2～3次，共用2～3天。注意尽量加大稀释度，加长泼洒时间，泼洒时不要提网箱。②每个网箱（3米×3米）吊挂敌百虫一瓶或用每千克水体10～20毫克浓度药浴5分钟左右。也可视鱼体质情况适当加大药物浓度和延长药浴时间。③用3‰～5‰的盐水浸洗3～5分钟，具体时间可视鱼体质情况而定。④每千克水体加高锰酸钾20～30毫克药浴10分钟左右，具体时间也可视鱼体质情况而定。

第九章

斑点叉尾鲴的捕捞、
运输与安全上市

第一节　斑点叉尾鲴的捕捞方法

斑点叉尾鲴网箱养殖的捕捞很简单，只需要收起网箱即可，因此这里只介绍斑点叉尾鲴池塘养殖的成鱼捕捞方式。

池塘养殖的捕捞分为完全捕捞或部分捕捞两种：前者将所有鱼类从池塘中集中一次捕出；后者即每一次仅从池塘中捕出部分鱼类。完全起捕通常采用反复拉网或将池塘排干的方式。在平原筑堤式池塘，通常用拉网起捕，在丘陵型山塘，通常先将水位降低，再拉网捕鱼。能排水的池塘，最后再用拉网或抄网在近排水口处将剩余鱼类捕出。

把池塘的水排干是一次性彻底起捕鱼类的方法。然而，此法浪费水资源，增加开支，排干水在池底分散捉鱼耗时、费力。

另外，在捕鱼前还应做好渔获物蓄养和运输的准备。斑点叉尾鲴和其他淡水鱼一样，产品大多集中在秋冬起捕上市，有时因过于集中，导致一时难以出手，必须有蓄养的准备，即使运输，起运前也有一段需蓄养。蓄养最常用的是网箱，但蓄养期间应加倍小心，特别要防鱼类应激缺氧，还要防范偷盗。

为防止上市过于集中，最好是在不同时间，放养不同规格的鱼种，产品分散上市；而且，错开季节在春、夏上市的商品鱼可获得更高的利润和效益。

第二节　斑点叉尾鮰的暂养

斑点叉尾鮰起捕上来后，要立即转入暂养池中暂养（彩图80）。特别是干塘捕捉的斑点叉尾鮰，鳃上粘有很多污泥，阻碍其呼吸，容易造成缺氧死亡。暂养池的水质要求清新富氧，靠近捕捞池，运鱼方便。一般用网箱或水泥池作暂养池，网箱比水泥池效果好。暂养池的放养密度以鱼不严重浮头为限。鱼进入暂养池后先清洗干净鱼的体表，然后清洗网箱或把池水换掉，用清水密集暂养。暂养时间长短与鱼将要运输的距离有关，作长途运输要暂养1天以上，短途运输暂养1～2小时即可。暂养过程中始终要有专人看守，防止发生意外。

暂养的目的有三：一是清洗干净鱼体表和鳃上的污泥，防止污泥影响鱼的呼吸。二是增强鱼的体质，提高出塘和运输的成活率。把鱼置暂养池中密集暂养，使鱼排出粪便和体内过多的水分，肌肉变得结实，在运输途中减少排污，同时经过密集锻炼，可以提高鱼对低氧的耐受力，最终提高运输成活率。三是估计鱼数量，做好销售或养殖的准备。

暂养过程中还要注意两个细节问题：①暂养用水的水质应符合国家的有关规定。鱼在暂养过程中应轻拿、轻放，避免挤压与碰撞，注意不得脱水时间过长。②暂养的容器应无毒、无异味，洁净、坚固并具有良好的排水条件。在水泥池、水族箱中暂养时，必须有充氧设备。

第三节　活鱼运输

一、成鱼运输

成鱼运输的方法，可归纳为两大类型，即封闭式运输和开放式运输。此外，无水湿法运输及药物麻醉运输属特殊运输方法，但也属于上述两大类。

（一）封闭式运输

封闭式运输法是将鱼和水置于密闭充氧的容器中进行运输。封闭式运输法的运输器具常采用塑料袋（彩图 81）、橡胶袋和鱼罐车。

1. 塑料袋、橡胶袋运输法的操作步骤

①选择完好无损的塑料袋或橡胶袋，向袋内加入不低于袋总容量 2/5、不要超过袋总容量 1/2 的运输用水。

②根据运输时间、温度、鱼体大小以及鱼的种类等因素，向袋内装入准备好运输的鱼类，密度要适宜。通常性温顺、耗氧量低的鱼，运输密度可适当大些。

③向袋内充入氧气，并捆扎好袋口，避免氧气溢出。袋内氧气不必充得过足，以袋表面饱满有弹性度为准。经试验，塑料袋充氧密封活鱼运输 10 昼夜，袋内水溶解氧仍可达 9.8 毫克/升，说明溶解氧已富足有余。

④将装鱼充氧捆扎好的袋，放于专用硬纸箱内（最好每箱一个），打包托运，目前空运鱼苗等均采用此法，也可直接放于运输车上并固定好。为保持鱼体正常姿势，防止剧烈震动，提高运输成活率，用狭窄的木箱，内衬垫料，夹住塑料袋，使鱼不易卧倒，保持平衡状态。最好的办法是放在盛有水的大容器中（如在车厢内用帆布围成大箱袋），让塑料袋浮于水面，不仅可使鱼在袋内保持正常的姿势，同时可在水中加冰，使大容器内的水维持在 5～8℃，以降低鱼的代谢强度，减少其二氧化碳等的排泄量。

⑤做好运输途中的管理，检查是否有漏水溢气情况，如有，应急时采用备用器具进行抢救。

⑥到达目的地后，将袋放入待放养的水体内，当袋内水温与放养水体水温一致后（约 15 分钟）再开袋，将鱼放入水中。

2. 鱼罐车运输法的操作步骤　用鱼罐车（彩图82）进行活鱼运输时，常因鱼惊恐排出较多的氨与黏液污染水质，加上鱼和鱼、鱼和器壁间的碰撞损伤鱼体，到达目的地后往往会有大量死鱼，造成经济损失。过去采取的措施不少，例如药物麻醉，但药物的安全性、残留毒性令人担心；以二氧化碳麻醉，但浓度较高，鱼血液的 pH 明显降低；常见的是往鱼罐车内压进大量氧气或空气，但又使好气性细菌迅速繁殖恶化水质；单独低温麻醉，也因水温要求过低，死鱼现象仍屡有发生。

最近，一种将低温与二氧化碳并用，让鱼的代谢维持最低水平的新方法，效果较好，能使鱼长时间维持在麻醉状态，安全可靠，无任何副作用。该法由三个阶段组成：

（1）低温阶段　将活鱼在 1～7℃ 的水中保持 5～30 分钟，使鱼进入初步麻醉。

（2）低温、二氧化碳阶段　鱼经初步处理后，随即移至水温 8～17℃，二氧化碳分压为 7 500～12 500 帕（0.075～0.125 个大气压），氧气分压为 4 000～5 500 帕（0.40～0.55 个大气压）的鱼罐车。活鱼在此条件下能安全维持 5～10 小时，若未经低温处理直接进入本阶段的活鱼，一般 1 小时后也能进入麻醉状态。

（3）苏醒阶段　运输到场后缓慢减压，水温恢复到常温或将鱼移至比运送温度高出 5～15℃ 的淡水中即可。处理过程中所遇及的水温、氧分压、二氧化碳分压等有关指标应参照鱼的种类、距离的远近确定。

3. 封闭式活鱼运输的优缺点

（1）封闭式活鱼运输的优点　①运输容器的体积小、重量轻，携带、运输方便，且灵活机动，所有运输工具都可以使用。②单位水体中运输鱼类的密度大。③管理方便，清洁干净，劳动强度低。④鱼在运输途中不易受伤，运输成活率高。

（2）封闭式活鱼运输的缺点　①大规模运输成鱼和鱼种较困难。②运输途中如发现问题（如漏气、漏水）则不易及时抢救。

③目前绝大多数还采用塑料袋作为运输容器，易破损，故不能反复使用。④运输时间一般不超过 30 小时（在常温条件下）。

4. 改进措施　应针对封闭式运输鱼类死亡的主要原因——水中二氧化碳（包括氨氮）过高，引起鱼类麻痹、中毒死亡；同时根据上述存在的缺点，可采取以下措施。

①适当增加运输用水量，相对降低袋内水中二氧化碳的浓度。

②合理的密度：塑料袋装运鱼的密度与运输时间、温度、鱼体大小以及鱼的种类的有关。通常性温顺，耗氧量低的鱼，运输密度可适当大些。反则反之。

③低温运输。

④保持鱼体正常姿势，防止剧烈震动。

⑤改单袋为双套袋运输。

⑥改塑料袋为橡胶袋运输。

用塑料袋装运鱼，到达目的地后，应做好温度调节和降低鱼体血液内的二氧化碳后才能放养。这对长途运输的鱼，尤为重要，否则将前功尽弃。其方法是先将袋放入待放养的池内，当袋内水温与池塘水温一致后（约 15 分钟）再开袋，将鱼放入网箱内，并保持箱内水流通畅，待鱼体清醒、恢复正常后（约 1 小时）方能下塘。

（二）开放式运输

开放式运输（彩图 83）是鱼和水置于非密封的敞开式容器中进行运输。开放式运输法的运输器具常采用活水船和活鱼箱，极短距离的运输采用鱼篓。

1. 开放式运输法的操作步骤

①对将运输的鱼类，做好其准备工作。成鱼须在大网箱中暂养停食，以减少排泄物，提高对缺氧的忍耐力。

②在运输器具中加入适量的运输用水并在装鱼前提前半小时

充氧。运输用水应水质清新，溶解氧高，含有机质少，无毒无臭的水（水质应符合 NY 5051—2001 的要求），如用井水，因其溶解氧低，需充气或存放一段时间后再用。

③根据运输时间、温度、鱼体大小以及鱼的种类等因素，向运输器具中装入合理密度需运输的鱼类。

④加强运输途中的管理。运输途中应经常检查鱼的活动情况和充氧等装置，避免疏忽大意而导致运输失败。此外，还应及时清除沉积于容器底部的死鱼、粪便及其他有机污物，以减少耗氧量。

⑤到达目的地后，将运输器具内的鱼转入要放养的水体中，转运时，操作要细致，尽量避免因操作不当而损失鱼体，并需注意水温差不能过大。

2. 开放式运输的优缺点

（1）开放式活鱼运输的优点　①简单易行；②可随时检查鱼的活动情况，发现问题可及时抢救；③可随时采取换水和增氧等措施；④运输成本低，运输量大；⑤运输容器可反复使用或"一器多用"。

（2）开放式活鱼运输的缺点　①用水量大；②操作较劳累，劳动强度大；③鱼体容易受伤，特别是成鱼和亲鱼；④一般装运密度比封闭式运输低。

3. 提高运输成活率的措施　针对开放式运输鱼类死亡的主要原因——水中缺氧而造成鱼类窒息死亡，为此应采取下列针对性措施。

①选择体质健壮的鱼，鱼在进行运输前应停食 1 天。

②选取用良好的运输用水：运输用水应水质清新，溶解氧含量高，含有机质少，无毒无臭的水。

③保持合适的运输密度：因运输工具不一，鱼类装运密度差异很大。

④低温运输：水温降低，鱼的耗氧率减小，且鱼的活动能力

也减弱。除鱼苗外（通常鱼苗不降温，以免影响胚胎发育，且鱼苗在 12℃ 以下会大批死亡），可将运输水温降至 5～10℃。

⑤加强运输途中的管理。

（三）无水湿法运输

有些鱼类的皮肤具有较大的呼吸作用，或具有其他辅助呼吸器官，它们能在潮湿的空气中存活一段时间，利用这一生理特性，可经进行"无水"湿法运输。

大多数鱼类的皮肤呼吸作用很小，不能进行无水湿法运输。只有那些具有较大皮肤呼吸量的鱼，如鳗鲡、鲇、鲤、鲫等有较大的皮肤呼吸量，其皮肤呼吸量超过总呼吸量的 8%～10%。鱼类利用皮肤呼吸的比值，随年龄的增长和水温的升高而降低。斑点叉尾鮰、鲤、鲫、鳗鲡等鱼的皮肤呼吸量较大，一般均可进行无水湿法运输。

无水湿法运输的技术关键是必须使鱼体皮肤保持湿润。为此应经常对鱼体淋水或采用水草裹住鱼体等方法以维持潮湿的环境。一般运输时间不宜过长（通常不超过 12 小时），有条件的可配以低温。

（四）麻醉运输

用麻醉剂或镇静剂注射鱼体或在水中配成一定浓度，使鱼体在运输过程中处于昏迷或安定状态；此时，鱼的呼吸频率大大下降，耗氧率低，鱼也不易受伤，因而有利于运输。现介绍几种麻醉剂和镇静剂：

（1）乙醚　短途运输亲鱼时可采用乙醚麻醉。用棉花蘸少许乙醚（体重 15 千克的亲鱼约用 2.5 毫升乙醚），塞入亲鱼口中，2～3 分钟后，鱼即被麻醉。然后将鱼放入盛水的容器中运输，麻醉 2～3 小时后失效。

（2）巴比妥钠　将鱼放在 10～15 毫克/升的巴比妥钠溶液中

运输，在水温10℃时，能使鱼麻醉十多个小时。麻醉后的鱼仰浮水面，仅鳃盖缓慢开闭，浅度呼吸为正常，下水后5～10分钟即复苏。

（3）MS-222（烷基磺酸盐间位氨基苯甲酸乙酯）　本品为镇静剂。将大口黑鲈鱼种（全长为6.2～8.0厘米）放入20～40毫克/升的MS-222溶液中，30分钟后，其呼吸频率明显下降，鱼体对外界的刺激反应迟钝。

（4）安定　本品为镇静剂。对鲢、鳙亲鱼的镇静剂量为10～15毫克/千克，注射方法同催产注射。

（5）复方氯丙嗪　本品为镇静剂。对鲢、鳙亲鱼的剂量为5～10毫克/千克。注射方法、鱼体反应以及对肝细胞影响同安定。在水温为5～10℃时，能镇静10～15小时。

二、苗种运输

1. 密封式运输　密封式运输主要是尼龙袋充氧运输。此法适宜于运输鱼苗和小规格鱼种。特点是运件体积小，重量轻，搬运方便，装运密度大，运输成本低，鱼体不易受伤，运输成活率高，简便易行，长短距离运输均可采用，一次充氧运输时间可达30小时。可用汽车、火车、轮船和飞机等多种交通工具装运。

（1）运输工具　尼龙袋（规格为长80厘米，宽40厘米）、纸箱、氧气瓶、漏斗、橡皮圈等。

（2）操作步骤　①检查尼龙袋是否漏气；②确认不漏气后往袋中装入占袋容积1/5的运输用水；③把点好数的鱼苗或鱼种经漏斗带水装入袋中，使鱼水量占袋容积的2/5～1/2，装水过多会减少充氧的空间，并增加运输的重量，装水过少则使鱼过于拥挤；④挤出袋内的空气，把氧气瓶的导管插入水中充氧，充氧不能太足，以袋表面饱满而有弹性为度，用橡皮圈扎紧袋口；⑤为防止尼龙袋在运输途中损坏，把尼龙袋装入纸箱中运输；⑥装好箱后即可起运。运输途中注意检查尼龙袋是否漏气，发现漏气要用透明胶带粘贴。

（3）装鱼密度　尼龙袋装运鱼苗、鱼种的密度与运输时间、温度、鱼体大小、鱼的体质、锻炼程度等密切相关。一般情况下，水温高、水中溶解氧低，装鱼密度小；水温低、水中溶解氧高，装鱼密度大。路途短，装鱼密度高；路途远，装鱼密度低。一般运输时间在 20～30 小时的每袋可装体长为 1 厘米的鱼苗 8 000～12 000 尾，体长为 2.5 厘米的幼鱼 3 000～4 000 尾，体长为 4～5 厘米的鱼种 3 000 尾，体长为 10 厘米左右的鱼种 800～1 000 尾。

在鱼苗或鱼种运至目的地后，不宜立即把鱼放入培育池（或塘）中，否则会因为两处水温的差异而造成鱼苗或鱼种死亡；应先把鱼苗或鱼种放入盆中，然后从池中取水缓慢加入盆中，待两处水体温度相差小于 3℃时，才能把鱼放入养殖池。

2. 开放式运输　开放式运输是将鱼和水置于开放式的容器中进行运输，主要用于鱼种和成鱼的运输，可用汽车、火车、轮船和飞机等多种交通工具装运，可长途也可短途运输。

（1）运输工具　帆布桶或塑料桶、木桶、增氧泵、胶管、抄海、提桶等。

（2）操作步骤　①把运输容器固定在运输车辆上；②装入运输用水，占容器容积的 1/3；③装鱼时使鱼水量占桶容积的 2/3，用网片覆盖桶口，防止鱼跳出；④把充氧管末端的砂滤器沉入桶底，开动增氧泵增氧，一直持续到到达目的地；⑤运输过程中要经常虹吸出死鱼、黏液、鱼粪，水质恶化时要及时换水，换入的水必须是江河、湖泊、水库水，不能用稻田水，换水量最多只能占原水量的 2/3；⑥运输过程中不让太阳光直射或雨淋运件，要经常检查鱼的活动情况，发现鱼缺氧严重时，立即换入新水，稍歇息后再继续起运，晚上休息要把鱼转入吊池，不能留鱼在运输容器中过夜；⑦长距离运输中途要停车休息的，把鱼搬入吊池后

1 小时左右投喂 1 次，次日起运前 1～2 小时再喂 1 次；⑧鱼到达目的地后先消除运输水和池水的温差再放入池中。

（3）装鱼密度　按每立方米水体装入规格为 3 厘米的鱼种 13 万尾，或规格为 4～6 厘米的鱼种 7 万尾，或规格为 7～10 厘米的鱼种 4 万尾。其他规格的鱼可依此折算。按此密度可安全运输 15 小时。

第四节　斑点叉尾鮰安全上市

一、鲜活上市

斑点叉尾鮰蛋白质和维生素含量丰富，不饱和脂肪酸的含量也较高，肉质鲜嫩、营养丰富、味道鲜美，鱼刺少、食用方便，它不仅适合蒸、烧、炖等各种中式吃法，而且个体大小适中，通过活鱼运输做到了鲜活上市（彩图 84），非常符合中国人的消费习惯。奇怪的是斑点叉尾鮰引进我国已经 20 多年了，产量已经接近 20 万吨，但该鱼在国内的消费却始终不温不火，市场价格近几年一直在低位徘徊，究其原因，主要在于过分依赖国际市场出口，未充分开发国内市场潜力。很多消费者不知斑点叉尾鮰为何物，因为大部分集贸市场没有斑点叉尾鮰，即使消费者有兴趣尝一下味道也找不到卖斑点叉尾鮰的地方。有一部分消费者虽然尝过斑点叉尾鮰的味道，但认为斑点叉尾鮰有泥腥味或膻味，再也没有消费的兴趣。斑点叉尾鮰有泥腥味主要是养殖水体的水质不良造成的。网箱养殖的斑点叉尾鮰一般没有泥腥味，美国池塘养殖的斑点叉尾鮰泥腥味较少，国内池塘养殖的斑点叉尾鮰往往泥腥味较重，这是因为国内养殖者过分追求产量而忽视了水质的改良。斑点叉尾鮰的膻味是由于斑点叉尾鮰的鱼肉当中脂肪含量比一般鱼要高。斑点叉尾鮰的膻味可通过合理的烹饪方法消除。斑点叉尾鮰在国内的总体消费不理想，但在四川、重庆、贵州等省市的消费量却很大。例如，四川省斑点叉尾鮰养殖总量全国第一，但几乎全部是省内消费，价格在国内也较高。究其原因在于四川、重庆、贵州等地方有吃火锅的习惯，火锅的口味以辛辣为主，较重的口味掩盖了斑点叉尾鮰的泥腥味和膻味，而斑点叉尾鮰肉质细嫩、鱼刺少的特点也特别适合下火锅。中国有众多的人口，如果能充分发挥出国内的消费潜力，那么市场需求将会是很大的数字，国内的养殖者就不会在乎美国的贸易壁垒了。在开发国内消费市场方面，淡水小龙虾或许能给我们一些启示：淡水小龙虾和斑点叉尾鮰一样属于外来水产品种，开始在国内市场都没有多少人吃，但自从开发出以麻辣为特色的油焖大虾、盱眙十三香龙虾后，全国各地都掀起了吃小龙虾的热潮，市场供不应求，市场缺口至少达 30 万吨以上，价格自然水涨船高，国内的养虾者根本不在乎美国的贸易壁垒。国内假如能用斑点叉尾鮰开发出几道深受消费者欢迎的美味佳肴，那么斑点叉尾鮰像小龙虾那样火爆也就指日可待了。

二、加工上市

由于我国传统的消费习惯以吃活鱼为主，斑点叉尾鮰在国内市场的消费量并不大。但是，随着生活节奏的不断加快，速食类方便食品必定越来越受到广大消费者的欢迎，因此，加快斑点叉尾鮰加工产品（彩图 85）的开发研制，积极开拓国内外消费市场，是发展斑点叉尾鮰养殖的关键所在。

斑点叉尾鮰是目前少有的几种适宜加工的淡水鱼类之一，其原因有三：一是没有肌间小刺、易加工，消费者吃的时候不用担心被鱼刺卡住；二是沿背切开两半的鱼肉，一面一点刺都没有，而另一面，就是非常明显的平直骨架，它的出肉率非常高，最适合于加工；三是一般淡水鱼冷冻以后，品质都会下降很多，不受市场欢迎，但是斑点叉尾鮰由于其独特的肉质结构，冷冻之后的品质和冷冻前没什么变化，这在淡水鱼里是少有的。所以它很适合作为加工厂的原料，加工成半成品、成品和调味品等。

斑点叉尾鮰鲜鱼及其产品属于高蛋白、低脂肪、肉质鲜美的食品，在美国和欧盟市场深受消费者欢迎，拥有广阔的国际市场。斑点叉尾鮰是美国消费量排名第四的鱼类，美国每年需求量为 40～50 万吨，而美国只能自产 50%，其余都需要从国外进口。据美国鮰鱼协会统计，每年美国出现至少 2～3 亿美元的市场缺口。在美国，鲜活上市的斑点叉尾鮰仅占 20%，其他 80% 都是加工以后再上市。美国通过产品加工增效十分显著，以 1997 年为例，当年斑点叉尾鮰如按鲜活产量计产值仅为 3.5 亿美元左右，而当年该行业产值却高达 40 亿美元，增值是因为产品加工提高了效益。该鱼的加工产品主要是鱼片、鱼排、鱼块和鱼条等品种，加工厂通常是根据消费者口味和订货商的要求进行加工。

2003 年开始，我国斑点叉尾鮰开始向美国出售，大都是简单的粗加工产品，主要有冻鱼片和鱼肚，深加工的企业不多。近年来，中国斑点叉尾鮰出口呈现强势增长。根据美国国家海洋及大气管理局的数据，输入美国的中国斑点叉尾鮰在 2006 年已将近 1 700 万磅（7.71 万吨）。

附 录

附录一　无公害食品　渔用药物使用准则

NY 5071—2001

2001 - 09 - 03 发布　2001 - 10 - 01 实施

中华人民共和国农业部　发布

1　范围

本标准规定了渔用药物使用的基本原则、使用方法与禁用药。

本标准适用于水产增养殖中的管理及病害防治中的渔药使用。

2　规范性引用文件

下列文件中的条款通过本标准的引用而成为本标准的条款。凡是注日期的引用文件，其随后所有的修改单（不包括勘误的内容）或修订版均不适用于本标准。然而，鼓励根据本标准达成协方的各方研究是否可使用这些文件的最新版本。凡是不注日期的引用文件，其最新版本适用于本标准。

GB 11607　渔业水质标准

NY 5070　无公害食品　水产品中渔药残留限量

NY 5072　无公害食品　渔用配合饲料安全限量

3　术语和定义

下列术语和定义适用于本标准。

3.1

渔药

用以预防、控制和治疗水产动植物的病、虫、害，促进养殖品种健康生长，增强机体抗病能力以及改善养殖水体质量所使用的一切物质。

3.2

休药期

最后停止给药日至水产品作为食品上市出售的最短时间。

4　渔药使用基本原则

4.1　水生动物增养殖过程中对病害的防治，坚持"全面预防，积极治疗"的方针，强调"以防为主、防重于治，防、治结合"的原则。

4.2　渔药的使用应严格遵循国务院、农业部有关规定，严禁使用未经取得生产许可证、批准文号、生产执行标准的渔药。

4.3　在水产动物病害防治中，推广使用高效、低毒、低残留渔药，建议使用生物渔药、生物制品。

4.4　病害发生时应对症用药，防止滥用渔药与盲目增大用药量或增加用药次数、延长用药时间。常用渔药及使用方法参见附录A。

4.5　食用鱼上市前，应有休药期。休药期的长短应确保上市水产品的药物残留量必须符合 NY 5070 要求。常用渔药休药期参见附录B。

4.6　水产饲料中药物的添加应符合 NY 5072 要求，不得选用国家规定禁止使用的药物或添加剂，也不得在饲料中长期添加抗菌药物。

5 禁用渔药

严禁使用高毒、高残留或具有三致毒性（致癌、致畸、致突变）的渔药。禁用渔药见附录 C。

附录二 禁用药和限用药

水产养殖中，禁用药和限用药不少，养殖户必须掌握相关知识，以免因误用而带来经济损失。

一、禁用渔药

1. 地虫硫磷（大风雷）；
2. 六六六；
3. 林丹（丙体六六六）；
4. 毒杀芬（氯化莰烯）；
5. 滴滴涕（DDT）；
6. 甘汞；
7. 硝酸亚汞；
8. 醋酸汞；
9. 呋喃丹（克百威、大扶农）；
10. 杀虫脒（克死螨）；
11. 双甲脒（二甲苯胺脒）；
12. 氟氯氰菊酯（百树菊酯、百树得）；
13. 五氯酚钠；
14. 孔雀石绿（碱性绿、盐基块绿、孔雀绿）；
15. 锥虫胂胺；
16. 酒石酸锑钾；
17. 磺胺噻唑；
18. 磺胺脒（磺胺胍）；

19. 呋喃西林（呋喃新）；

20. 呋喃唑酮（痢特灵）；

21. 呋喃那斯；

22. 氯霉素（包括其盐．酯及制剂）；

23. 红霉素；

24. 杆菌肽锌（枯草菌肽）；

25. 泰乐菌素；

26. 环丙沙星（环丙氟哌酸）；

27. 阿伏帕星（阿伏霉素）；

28. 喹乙醇（喹酰胺醇、羟乙喹氧）；

29. 速达肥（苯硫噻唑氨甲基甲酯）；

30. 乙烯雌酚（人造求偶素）；

31. 甲基睾丸酮（甲睾酮、甲基睾酮）

32. 氟氰戊菊酯（保好鸿、氟氰菊酯）。

以下列出几种禁药的危害：

（1）林丹、毒杀芬　均为有机氯杀虫剂，后者也用为清塘剂。其最大的特点是自然降解慢，残留期长，有生物富集作用，有致癌性，对人体功能性器官有损害等。

（2）甲基睾丸酮、己烯雌酚　属于激素类药物。在水产动物体内的代谢较慢，极小的残留都可对人类造成危害。甲基睾丸酮对妇女可能会引起类似早孕的反应及乳房胀、不规则出血等；大剂量应用影响肝脏功能；孕妇有女胎男性化和畸胎发生，容易引起新生儿溶血及黄疸。己烯雌酚可引起恶心、呕吐、食欲不振、头痛反应，使正常人的生理功能发生紊乱，损害肝脏和肾脏；可引起子宫内膜过度增生，导致孕妇胎儿畸形。

（3）孔雀石绿　致癌、致畸、致突变，能溶解足够的锌，引起水生生物中毒。

（4）锥虫砷胺　杀虫剂。由于砷有剧毒，其制剂不仅可在生物体内形成富集，而且还可对水域环境造成污染，因此它具有较强的毒性，国外已被禁用。

（5）五氯酚钠　它易溶于水，经日光照射易分解。常用于杀螺剂。它造成中枢神经系统、肝、肾等器官的损害，对鱼类等水生动物毒性极大。该药对人类也有一定的毒性，对人的皮肤、鼻、眼等黏膜刺激性强，使用不当，可引起中毒。

（6）杀虫脒和双甲脒　农业部、卫生部在发布的农药安全使用规定中，把杀虫脒列为高毒药物，1989 年已宣布杀虫脒作为淘汰药物。双甲脒不仅毒性高，其中间代谢产物对人体也有致癌作用。该类药物还可通过食物链的传递，对人体造成潜在的致癌危险。

（7）氯霉素　该药对人类的造血系统毒性较大，抑制骨髓造血功能造成过敏反应，引起再生障碍性贫血，此外该药还可引起肠道菌群失调及抑制抗体的形成。该药已在国外较多国家禁用。

（8）呋喃唑酮　呋喃唑酮残留会对人类造成潜在危害，可引起溶血性贫血、多发性神经炎、眼部损害和急性肝坏死等残病。目前已被欧盟等国家或地区禁用。

（9）甘汞、硝酸亚汞、醋酸汞和吡啶基醋酸汞　汞对人体有较大的毒性，极易产生富集性中毒，出现肾损害。国外已经在水产养殖上禁用这类药物。

（10）酒石酸锑钾　该药是一种毒性很大的药物，尤其是对心脏毒性大，能导致室性心动过速，早搏，甚至发生急性心源性脑缺血综合征；该药还可使肝转氨酶升高，肝肿大，出现黄疸，并发展成中毒性肝炎。该药在国外已被禁用。

（11）喹乙醇　主要作为一种化学促生长剂在水产动物饲料中添加，它的抗菌作用是次要的。由于此药的长期添加，已发现对水产养殖动物的肝、肾能造成很大的破坏，引起水产养殖动物肝脏肿大、腹水，造成水产动物的死亡。如果长期使用该类药，则会造成耐药性，导致肠球菌广为流行，严重危害人类健康。在欧盟等已被禁用。

对于这些知识，许多养殖户和经销商不甚了解，容易造成违规使用的现象，对人类的身体健康构成很大的威胁。因此，大家必须认清禁用渔药的危害，了解其相关知识，提高警惕，严格把关，坚决杜绝禁用渔药的使用，确保水产品的质量和安全。为了自己和他人的长期利益，广大养殖户应慎而对之。

二、限用渔药

限用渔药主要有：氧化钙、漂白粉、二氯异氰脲酸钠、三氯异氰脲酸、二氧化氯、氯化钠、硫酸铜、硫酸亚铁、高锰酸钾、土霉素、新诺明、磺胺嘧啶、氟苯尼考、诺氟沙星、恩诺沙星、大蒜、大黄、苦参、黄芩、黄柏等。一般休药期在 15 天左右。

附录三　无公害食品　水产品中渔药残留限量

NY 5070—2002

1　范围

本标准规定了无公害水产品中渔药及通过环境污染造成的药物残留的最高限量。

本标准适用于水产养殖品及初级加工水产品、冷冻水产品，其他水产加工品可以参照使用。

2　规范性引用文件

下列文件中的条款通过本标准的引用而成为本标准的条款。凡是注日期的引用文件，其随后所有的修改单（不包括勘误的内容）或修订版均不适用于本标准，然而，鼓励根据本标准达成协议的各方研究是否可使用这些文件的最新版本。凡是不注日期的引用文件，其最新版本适用于本标准。

NY 5029—2001　无公害食品　猪肉

NY 5071　无公害食品　渔用药物使用准则

SC/T 3303—1997　冻烤鳗

SN/T 0197—1993　出口肉中喹乙醇残留量检验方法

SN 0206—1993　出口活鳗中噁喹酸残留量检验方法

SN 0208—1993　出口肉中十种磺胺残留量检验方法

SN 0530—1996　出口肉品中呋喃唑酮残留量的检验方法
液相色谱法

3　术语和定义

下列术语和定义适用于本标准。

3.1　渔用药物　fishery drugs

用以预防、控制和治疗水产动、植物的病、虫、害，促进养殖品种健康生长，增强机体抗病能力以及改善养殖水体质量的一切物质，简称"渔药"。

3.2　渔药残留　residues of fishery drugs

在水产品的任何食用部分中渔药的原型化合物或/和其代谢产物，并包括与药物本体有关杂质的残留。

3.3　最高残留限量　maximum residue

允许存在于水产品表面或内部（主要指肉与皮或/和性腺）的该药（或标志残留物）的最高量/浓度（以鲜重计，表示为：毫克/千克或毫克/千克）。

4　要求

4.1　渔药使用

水产养殖中禁止使用国家、行业颁布的禁用药物，渔药使用时按 NY 5071 的要求进行。

4.2　水产品中渔药残留限量要求

水产品中渔药残留限量要求见表1。

表1　水产品中渔药残留限量

药物类别		药物名称		指标（MPL）/
		中文	英文	（mg/kg）
抗生素类	四环素类	金霉素	Chlortetracycline	100
		土霉素	Oxytetracycline	100
		四环素	Tetracycline	100
	氯霉素类	氯霉素	Chloramphenicol	不得检出
磺胺类及增效剂		磺胺嘧啶	Sulfadiazine	
		磺胺甲基嘧啶	Sulfamerazine	
		磺胺二甲基嘧啶	Sulfadimidine	
		磺胺甲噁唑	Sulfamethoxazole	100（以总量计）
		甲氧苄啶	Trimethoprim	50
喹诺酮类		噁喹酸	Oxilinic acid	300
硝基呋喃类		呋喃唑酮	Furazolidone	不得检出
其他		己烯雌酚	Diethylstilbestrol	不得检出
		喹乙醇	Olaquindox	不得检出

5　检测方法

5.1　金霉素、土霉素、四环霉

金霉素测定按 NY 5029—2001 中附录 B 规定执行，土霉素、四环素按 SC/T 3303—1997 中附录 A 规定执行。

5.2　氯霉素

氯霉素残留量的筛选测定方法按本标准中附录 A 执行，测定按 NY 5029—2001 中附录 D（气相色谱法）的规定执行。

5.3　磺胺类

磺胺类中的磺胺甲基嘧啶、磺胺二甲基嘧啶的测定按 SC/T 3303 的规定执行，其他磺胺类按 SN/T 0208 的规定执行。

5.4　噁喹酸

噁喹酸的测定按 SN/T 0206 的规定执行。

5.5 呋喃唑酮

呋喃唑酮的测定按 SN/T 0530 的规定执行。

5.6 己烯雌酚

己烯雌酚残留量的筛选测定方法按本标准中附录 B 规定执行。

5.7 喹乙醇

喹乙醇的测定按 SN/T 0197 的规定执行。

6 检验规则

6.1 检验项目

按相应产品标准的规定项目进行。

6.2 抽样

6.2.1 组批规则

同一水产养殖场内，在品种、养殖时间、养殖方式基本相同的养殖水产品为一批（同一养殖池，或多个养殖池）；水产加工品按批号抽样，在原料及生产条件基本相同下同一天或同一班组生产的产品为一批。

6.2.2 抽样方法

6.2.2.1 养殖水产品

随机从各养殖池抽取有代表性的样品，取样量见表2。

表 2 取样量

生物数量/（尾、只）	取样量/（尾、只）
500 以内	2
500～1 000	4
1 001～5 000	10
5 001～10 000	20
≥10 001	30

6.2.2.2　水产加工品

每批抽取样本以箱为单位，100 箱以内取 3 箱，以后每增加 100 箱（包括不足 100 箱）则抽 1 箱。

按所取样本从每箱内各抽取样品不少于 3 件，每批取样量不少于 10 件。

6.3　取样的样品的处理

采集的样品应分成两等份，其中一份作为留样。从样本中取有代表性的样品，装入适当容器，并保证每份样品都能满足分析的要求；样品的处理按规定的方法进行，通过细切、绞肉机绞碎、缩分，使其混合均匀；鱼、虾、贝、藻等各类样品量不少于 200 克。各类样品的处理方法如下：

a）鱼类：先将鱼体表面杂质洗净，去掉鳞、内脏，取肉（包括脊背和腹部）肉和皮一起绞碎，特殊要求除外。

b）龟鳖类：去头、放出血液，取其肌肉包括裙边，绞碎后进行测定。

c）虾类：洗净后，去头、壳，取其肌肉进行测定。

d）贝类：鲜的、冷冻的牡蛎、蛤蜊等要把肉和体液调制均匀后进行分析测定。

e）蟹：取肉和性腺进行测定。

f）混匀的样品，如不及时分析，应置于清洁、密闭的玻璃容器，冰冻保存。

6.4　判定规则

按不同产品的要求所检的渔药残留各指标均应符合本标准的要求，各项指标中的极限值采用修约值比较法。超过限量标准规定时，允许加倍抽样将此项指标复验一次，按复验结果判定本批产品是否合格。经复检后所检指标仍不合格的产品则判为不合格品。

附录四　斑点叉尾鮰出口安全要求

一、安全卫生指标

斑点叉尾鮰在繁育及养殖过程中使用禁用药物，或在饲料中添加禁用药物未按停药期的规定停药或由于养殖水质的污染等是造成鱼片中安全卫生指标不合格的原因，我们必须从以下几方面进行控制：

（1）鱼苗　养殖的鱼苗应经药物残留检测无禁用药物残留，且放养前经 3％浓度的食盐水浸洗 3～5 分钟。

（2）水质　放养斑点叉尾鮰前应对池塘进行清理。定期进行水质检查，保证水质质量达到农业行业标准 NY 5051—2001《无公害食品淡水养殖用水水质》的规定要求。

（3）饲料　养殖场所使用的饲料必须来自检验检疫机构备案的饲料加工厂，并符合《出境食用饲料检验检疫管理办法》的相关要求。

（4）药物　斑点叉尾鮰养殖过程禁止使用违禁药物和其他有毒有害物质，且所用药物必须在斑点叉尾鮰起捕前半个月停用。

二、产品质量指标

（1）感官指标　冰衣透明光亮，清洁、坚实、平整不变形，完全将鱼片包覆，鱼片排列整齐，个体间应易于分离，无明显干耗和软化现象。解冻后鱼片边缘整齐，肌肉组织紧密有弹性，无明显干耗（冻斑）和软化现象，无脂肪氧化现象。

（2）理化指标　多聚磷酸盐不超过 10 克/千克。

（3）微生物指标　微生物指标要求大致到商业无菌。

附录五　农产品安全质量　无公害水产品产地环境要求

GB/T 18407. 4—2001

前言

为规范我国无公害水产品的生产环境，保证无公害水产品正常生长和水产品的安全质量，促进我国无公害水产品生产，特制定 GB/T 18407 的本部分。GB/T 18407—2001《农产品安全质量》分为以下四个部分：GB/T 18407.1—2001 农产品安全质量　无公害蔬菜产地环境要求；GB/T 18407.2—2001　农产品安全质量　无公害水果产地环境要求；GB/T 18407.3—2001　农产品安全质量　无公害畜禽肉产地环境要求；GB/T 18407.4—2001　农产品安全质量　无公害水产品产地环境要求。

本部分由中华人民共和国国家质量监督检验检疫总局提出。

本部分起草单位：山东省青岛市质量技术监督局、上海市质量技术监督局、福建省质量技术监督局、广西壮族自治区质量技术监督局。

本部分主要起草人：潘青、张列奇、高清火、黄震、王斌。

1　范围

GB/T 18407 的本部分规定了无公害水产品的产地环境、水质要求和检验方法。本部分适用于无公害水产品的产地环境的评价。

2　规范性引用文件

下列文件中的条款通过 GB/T 18407 的本部分的引用而成为

本部分的条款。

凡是注日期的引用文件，其随后所有的修改单（不包括勘误的内容）或修订版均不适用于本部分，然而，鼓励根据本部分达成协议的各方研究是否可使用这些文件的最新版本。

凡是不注日期的引用文件，其最新版本适用于本部分。

GB/T 8170　数值修约规则

GB 11607—1989　渔业水质标准

GB/T 14550　土壤质量　六六六和滴滴涕的测定　气相色谱法

GB/T 17134　土壤质量　总砷的测定　二乙基二硫代氨基甲酸银分光光度法

GB/T 17136　土壤质量　总汞的测定　冷原子吸收分光光度法

GB/T 17137　土壤质量　总铬的测定　火焰原子吸收分光光度法

GB/T 17138　土壤质量铜、锌的测定　火焰原子吸收分光光度法

GB/T 17141　土壤质量铅、镉的测定石墨炉原子吸收分光光度法

3　要求

3.1　产地要求

3.1.1　养殖地应是生态环境良好，无或不直接受工业三废及农业、城镇生活、医疗废弃物污染的水（地）域。

3.1.2　养殖地区域内及上风向、灌溉水源上游，没有对产地环境构成威胁的（包括工业三废、农业废弃物、医疗机构污水及废弃物、城市垃圾和生活污水等）污染源。

3.2　水质要求　水质质量应符合 GB 11607 的规定。

3.3　底质要求

3.3.1 底质无工业废弃物和生活垃圾，无大型植物碎屑和动物尸体。

3.3.2 底质无异色、异臭，自然结构。

3.3.3 底质有害有毒物质最高限量应符合如下要求。

总汞≤0.2毫克/千克（湿重），锅≤0.5毫克/千克（湿重），铜≤30毫克/千克（湿重），锌≤150毫克/千克（湿重），铅≤50毫克/千克（湿重），铬≤50毫克/千克（湿重），砷≤20毫克/千克（湿重），滴滴涕≤0.02毫克/千克（湿重），六六六≤0.5毫克/千克（湿重）。

4　检验方法

4.1　水质检验　按 GB 11607 规定的检验方法进行。

4.2　底质检验

4.2.1　总汞按 GB/T 17136 的规定进行。

4.2.2　铜、锌按 GB/T 17138 的规定进行。

4.2.3　铅、镉按 GB/T 17141 的规定进行。

4.2.4　铬按 GB/T 17137 的规定进行。

4.2.5　砷按 GB/T 17134 的规定进行。

4.2.6　六六六、滴滴涕按 GB/T 14550 的规定进行。

5　评价原则

5.1　无公害水产品的生产环境质量必须符合 GB/T 18407 的本部分的规定。

5.2　取样方法依据不同产地条件，确定按相应的国家标准和行业标准执行。

5.3　检验结果的数值修约按 GB/T 8170 执行。

参 考 文 献

包松茂，程国华，周志勇．2008．小型湖泊斑点叉尾鮰健康养殖技术．江西
　　水产科技（3）：27-28．

蔡焰值．1989．斑点叉尾鮰生物学及其养殖技术．淡水渔业（4）：31-35．

蔡焰值．1997．斑点叉尾鮰养殖技术．武汉：武汉出版社．

陈永祥，金学萍．2007．斑点叉尾鮰池塘成鱼高产高效养殖技术．渔业致富
　　指南（10）：41-42．

陈毓华，梁明易，童红云，等．1995．华南地区11种高等水生维管植物净
　　化城镇污水效益评价．农村生态环境（1）：26-29，33．

程国华．2007．湖泊网拦养殖斑点叉尾鮰鱼技术．江西水产科技（2）：
　　29-30．

程鹏．2005．斑点叉尾鮰健康养殖技术．武汉：湖北科学技术出版社．

丁德明．2005．斑点叉尾鮰人工繁殖．内陆水产（2）：39．

高光．1996．伊乐藻、轮叶黑藻净化养鱼污水效果试验．湖泊科学（2）：
　　184-188．

顾林娣，陈坚，陈卫华，等．1994．苦草种植水对藻类生长的影响．上海师
　　范大学学报：自然科学版（1）：36-38．

顾元俊，吴德才．2008．赤眼鳟与斑点叉尾鮰成鱼混养试验．渔业致富指南
　　（24）：49．

胡伟国．2008．南美白对虾与斑点叉尾鮰混养试验．科学养鱼（8）：38．

金送笛，李永函，倪彩虹，等．1994．菹草对水中氮、磷的吸收及若干影响
　　因素．生态学报（2）：168-173．

李登来．2004．水产动物疾病学．北京：中国农业出版社．

李清．2009．从出口受阻案件看水产品质量安全隐患．中国渔业报，9
　　（7）：7．

李卓佳，张庆，陈康德．1998．有益微生物改善养殖生态研究——Ⅰ．复合
　　微生物分解有机底泥及对鱼类的促生长效应．湛江海洋大学学报（1）：

5-8.

梁鸿，田洪磊.2009.HACCP体系在淡水鱼养殖中的应用.水产养殖（3）：8-10.

林连升，缪为民，袁新华，等.2005.沉水植物在池塘养殖生态系中的水质改良作用.水产科学（12）：45-47.

刘克琳，何明清.2000.益生菌对鲤鱼免疫功能影响的研究.饲料工业（6）：24-25.

柳富荣，徐君辉，柳锴.2007.斑点叉尾鮰湖泊网箱高产养殖试验.内陆水产（10）：25-26.

罗宏辉，吕晔，王海英.2008.斑点叉尾鮰水库网箱无公害高产养殖试验.内陆水产（4）：45-46.

马凯，蔡庆华，谢志才，等.2003.沉水植物分布格局对湖泊水环境N、P因子影响.水生生物学报（3）：232-237.

任南，严国安，马剑敏，等.1996.环境因子对东湖几种沉水植物生理的影响.武汉大学学报：自然科学版（2）：213-218.

宋福，乔建荣.1997.常见沉水植物对草海水体（含底泥）总氮去除速率的研究.环境科学研究（4）：47-50.

汤亚斌，詹兴发，荣克明.2009.斑点叉尾鮰常见疾病的无公害防治技术.内陆水产（7）：42-44.

王斌，周莉苹，李伟.2002.不同水质条件下菹草的净化作用及其生理反应的初步研究.武汉植物学研究（2）：150-152.

王武.2000.鱼类增养殖学.北京：中国农业出版社.

王显明，邓玉梅.2007.水库网箱养斑点叉尾鮰效益分析.江西水产科技（1）：40-41.

王怡平，赵乃刚.1999固定化光合细菌在中华绒螯蟹人工育苗中的应用.水产学报（2）：156-161.

王友含，黄云芳.2008.斑点叉尾鮰无公害养殖技术.河北渔业（6）：17-18.

魏清和.2004.水产动物营养与饲料学.北京：中国农业出版社.

吴伟，余晓丽.2001.固定化微生物对养殖水体中NH_4^+—N和NO_2—N的转化作用.应用与环境生物学报（2）：13-18.

习宏斌，刘广根，谢美珍.2010.水库斑点叉尾鮰网箱微孔增氧高效养殖技术.中国水产（11）：43-44.

杨四秀,何振华.2009.双牌水库网箱养殖斑点叉尾鮰试验.齐鲁渔业,26
 （7）：15-16.

张幼敏.2005.目标养鱼新法.斑点叉尾鮰.北京：中国农业出版社.

朱周林,李小勇,王云婉.2007.万安水库小网箱养殖斑点叉尾鮰成鱼试
 验.内陆水产（7）：32-33.

吴玉树,余国莹.1991.根生沉水植物菹草对滇池水体的净化作用.环境科
 学学报,11（4）：411-416.

戴莽,高村典子.1999.利用大型围隔研究了沉水植物对水体富营养化的影
 响.水生生物学报,23（2）：98-101.

苏文华,张光飞,张云孙,等.2004.5种沉水植物的光合特征.水生生物
 学报,28（4）：391-395.

邴旭文,陈家长.2001.浮床无土栽培植物控制池塘富营养化水质.湛江海
 洋大学学报,21（3）：29-33.

蒋跃平,葛滢,岳春雷,等.2005.轻度富营养化水人工湿地处理系统中植
 物的特性.浙江大学学报：理学版,32（3）：309-313,319.

刘淑媛,任久长,由文辉.1999.利用人工基质无土栽培经济植物净化富营
 养化水体的研究.北京大学学报：自然科学版（3）：518-522.

曾庆祝,刘志娟.2005.应用HACCP体系控制养殖水产品的安全危害.水
 产科学,24（4）：44-46.

虞鹏程,简少卿,徐小秋,等.2008.HACCP体系在斑点叉尾鮰池塘养殖
 中的应用.中国水产（2）：59-60.

微信扫一扫，好书免费拿

Step1 打开手机微信软件，点击右上角的［魔棒工具］，在下拉菜单中选择［扫一扫］，对本页二维码进行扫码，即可关注"中国农业出版社"（或直接搜索"ZGNYCBS"）。

Step2 向"中国农业出版社"发送本书 13 位书号"9787109174047"，即可第一时间获取出版社与"斑点叉尾鲴养殖"有关的新书信息，并有机会免费获得赠书。

图书在版编目（CIP）数据

斑点叉尾鮰安全生产指南/马达文，汤亚斌，陈良浩编著．—北京：中国农业出版社，2012.12
（农产品安全生产技术丛书）
ISBN 978-7-109-17404-7

Ⅰ.①斑… Ⅱ.①马…②汤…③陈… Ⅲ.①斑点叉尾鮰—淡水养殖—指南 Ⅳ.①S965.128-62

中国版本图书馆 CIP 数据核字（2012）第 277925 号

中国农业出版社出版
（北京市朝阳区农展馆北路 2 号）
（邮政编码 100125）
责任编辑　王巍令

中国农业出版社印刷厂印刷　　新华书店北京发行所发行
2013 年 1 月第 1 版　　2013 年 1 月北京第 1 次印刷

开本：850mm×1168mm 1/32　印张：5.5　插页：8
字数：150 千字　印数：1～3 000 册
定价：19.80 元
（凡本版图书出现印刷、装订错误，请向出版社发行部调换）

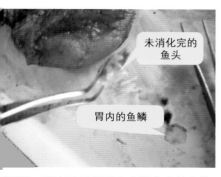

未消化完的
鱼头

胃内的鱼鳞

彩图1　斑点叉尾鮰胃内未消化完的食物

彩图2　非生殖季节雌、雄鱼头部对比
（左雌、右雄）

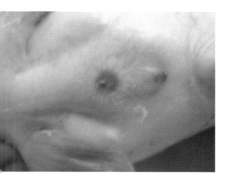

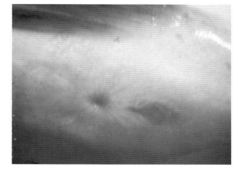

彩图3　雌、雄鱼泄殖区对比（左雌、右雄）

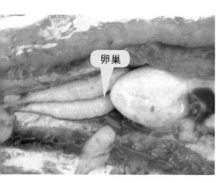

卵巢

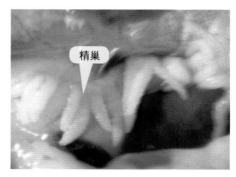

精巢

彩图4　斑点叉尾鮰卵巢（左）和精巢（右）

彩图5　斑点叉尾鮰的水箱充气孵化

彩图6　水泥池喷淋孵化

彩图7　水泥池充气孵化

彩图8　斑点叉尾鮰的孵化环道

彩图9　检查产卵巢

彩图10　收集卵块

彩图11　斑点叉尾鮰的孵化巢孵化

彩图12　斑点叉尾鮰的孵化篓

彩图13　斑点叉尾鮰的卵块

彩图14　卵黄苗

彩图15　浮游苗

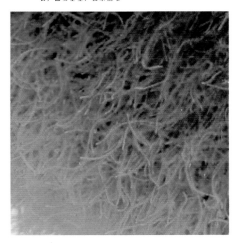

彩图17　瘦水

彩图16　全长4.5厘米以上的鱼苗可吞食
　　　　水蚯蚓

彩图18　较肥水

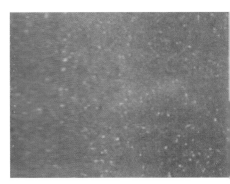

彩图19　黄褐色水

彩图20　黄绿色水

彩图21　蓝藻"水华"水

彩图22　叶轮式增氧机

彩图23　水车式增氧机

彩图24　射流式增氧机

彩图25　喷水式增氧机

彩图26　稳定性二氧化氯消毒剂产品

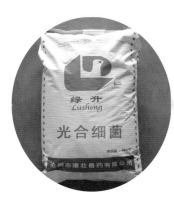

彩图28　光合细菌产品

彩图27　过氧化钙产品

彩图29　硝化细菌产品

彩图30　伊乐藻

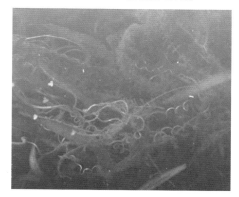

彩图31　苦草

彩图32　轮叶黑藻

彩图33　菹草

彩图34　浮床植物系统

彩图35　人工湿地

彩图36　斑点叉尾鮰网箱养殖模式

彩图37　选择合适的养殖水域

彩图38　网箱搭建

彩图39　封闭式网箱

彩图40　网箱设置

彩图41　鱼种放养

彩图42　人工投喂饲料

彩图43　人工投喂饲料

彩图44　投饵机投喂饲料

彩图45　网箱检查

彩图46　鱼种分级工具

彩图47 鱼种分级

彩图48 起网收捕

彩图49 池塘主养模式

彩图50 养殖斑点叉尾鮰的池塘

彩图51 优质混养品种——大口黑鲈

彩图52 池塘混养品种——赤眼鳟

彩图53 斑点叉尾鮰湖泊围拦养殖

下颚充血

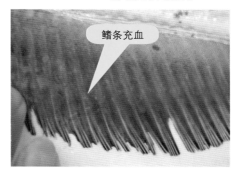

鳍条充血

彩图54　应激反应引起的鱼病

彩图55　网箱中的练网操作预防应激反应

体形粗短
肚大体圆

彩图56　患肝胆综合征的斑点叉尾鮰外观

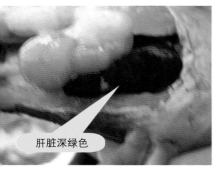

肝脏深绿色

彩图57　患肝胆综合征的斑点叉尾鮰内脏病变

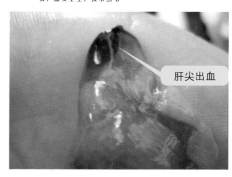

肝尖出血

彩图58 患肝胆综合征的斑点叉尾鮰内脏病变

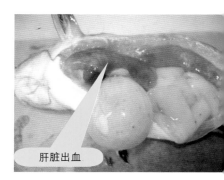

肝脏出血

彩图59 患肝胆综合征的斑点叉尾鮰内脏病变

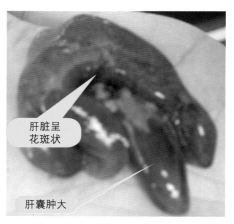

肝脏呈花斑状

肝囊肿大

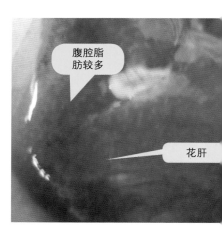

腹腔脂肪较多

花肝

彩图60 患肝胆综合征的斑点叉尾鮰内脏病变

眼球凸出

彩图61 患病斑点叉尾鮰眼球凸出

腹部膨大

彩图62 患病斑点叉尾鮰腹部膨大

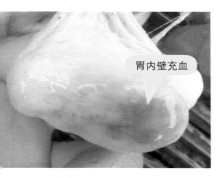

彩图63　患病斑点叉尾鮰胃内壁充血

彩图64患病斑点叉尾鮰鳔线管发红

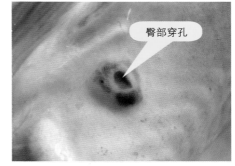

彩图65　患病斑点叉尾鮰腹部和臀部穿孔

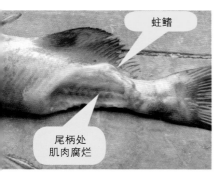

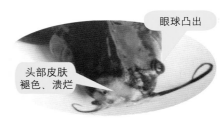

彩图67　患病斑点叉尾鮰头部皮肤褪色、
　　　　溃烂、眼球凸出

彩图66　患病斑点叉尾鮰尾柄处肌肉腐
　　　　烂、蛀鳍

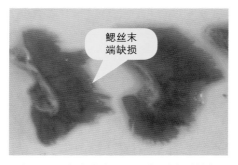

彩图68　患病斑点叉尾鮰鳃丝末端缺损

彩图69　患病斑点叉尾鮰体表充血

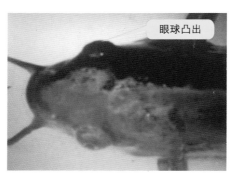

彩图70　患病斑点叉尾鮰眼球凸出

彩图71　患病斑点叉尾鮰体腔内充满带血的液体

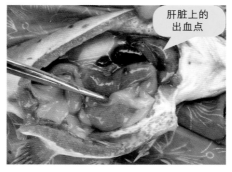

彩图72　患病斑点叉尾鮰肝脏上的出血点

彩图73　患病斑点叉尾鮰肠道充血

胸鳍之间
轻度溃疡

彩图74　患病斑点叉尾鮰胸鳍之间轻度
　　　　溃疡

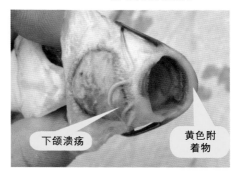

下颌溃疡

黄色附
着物

彩图75　患病斑点叉尾鮰下颌溃疡、口腔
　　　　内有黄色附着物

肠脱

彩图76　患病斑点叉尾鮰出现罕见的"肠
　　　　脱"现象

胃内积水

肠道折叠

肌肉充血

彩图77　患病斑点叉尾鮰肌肉充血、胃内
　　　　积水、肠道套叠

彩图78　患病斑点叉尾鮰体表出现大量
　　　　小白点

眼珠被
破坏

彩图79　患病死亡的斑点叉尾鮰眼珠被破坏

彩图80　斑点叉尾鮰的网箱暂养

彩图81　斑点叉尾鮰塑料袋充氧运输

彩图82　封闭式活鱼运输车

彩图83　开放式活鱼运输车

彩图84　斑点叉尾鮰鲜活上市

彩图85　加工好的斑点叉尾鮰鱼片